AF318827

LES ERREURS

DE

LA SCIENCE

OUVRAGES DU MÊME AUTEUR

La Chaleur et le Froid. — J. Michelet, Paris, 1884,
    id.   id.   1" supplément. J. Michelet, Paris, 1884.
    id,   id. 2'   id.   id.   id. 1884.
    id.   id. 3'   id.   id.   id. 1885.

Le Positif et le Négatif. — Duo d'amour en un acte. Lemerre, Paris, 1890.

L'Amour dans l'Univers. — Avec 9 suppléments. Rothschild, Paris, 1896 à 1900.

Mécanisme et Dynamisme. — Loi fonctionnelle de la Création. Chez l'auteur. Paris, 1901.

Mécanisme et Dynamisme cardiaques. — Loi fonctionnelle de la Création. Chez l'auteur, Paris, 1904.

Louis-Charles-Émile VIAL

Les Erreurs

de

la Science

Orné de 43 figures

La Matière est une inversion
de la Force et la Création est
le produit de cette inversion.

PARIS

CHEZ L'AUTEUR

1905

Louis-Charles-Émile VIAL

Les Erreurs

de

la Science

INTRODUCTION

Envisagée dans son ensemble, la Science devrait être une œuvre de logique et de faits ; mais, de ses hypothèses et des faits sur lesquels elle s'appuie, les unes sont fausses et les autres, bien que vrais, sont mal interprétés. D'une façon comme de l'autre, le chemin de la vérité est barré par des erreurs de principes ou d'interprétations que cette critique réfute.

Ainsi qu'on va le voir, l'auteur n'y produit point d'expériences personnelles ; il fait simplement appel à sa raison pour rétablir la vérité dans l'interprétation des hypothèses et des faits qu'il examine. Mais sa dissertation n'est pas seulement une critique ; elle est aussi l'esquisse à grands traits d'un système de science universelle basé sur une nouvelle interprétation du principe de l'*Unité* dans la Création qui repose en entier sur la *contradiction*.

Ces vues, fruit de 20 ans de méditations, ont été exposées dans différentes brochures, dont les unes, publiées hâtivement aussitôt qu'inspirées, n'ont rencontré qu'une indifférence unanime, et dont les autres, plus mûrement réfléchies, n'ont pas reçu un meilleur accueil. Loin de s'en plaindre ou de s'en décourager, l'auteur, plus *voyant* que savant, en a tiré profit en se ruant sur les difficultés, dans la pensée qu'il n'avait peut-être pas été assez explicite, et c'est ce dernier effort condensé qu'il présente au lecteur avec l'espoir que des convictions aussi sincères et une foi si robuste serviront d'excuse à la hardiesse de ses vues révolutionnaires.

Paris, 20 mars 1905.

LES ERREURS DE LA SCIENCE

PREMIÈRE PARTIE

CHAPITRE PREMIER

§ I. — L'ESPACE. LA MATIÈRE. LA FORCE

§ II. — LA CONTRADICTION

§ I. — L'Espace. La Matière. La Force

Si on part de ce premier principe *reconnu comme vrai* que l'Univers spatial, ou pour mieux dire l'Espace, est rempli de Matière et de Force, facteurs constitutifs de la Création, et de cet autre principe également *reconnu* la Conservation de l'Énergie, qui implique aussi celle de la Matière, il faut bien admettre que ces trois termes *Espace*, *Matière* et *Force*, ne doivent rien avoir perdu de leurs trois grandeurs d'origine, l'*Étendue*, le *Poids*, et l'*Énergie*. En effet, admettre que l'un de ces termes, par exemple l'Espace, ait diminué d'étendue par la condensation de la Matière serait changer le rapport harmonieux qu'avaient ces termes à l'origine et rompre l'équilibre nécessaire à la Création. Je considère donc l'Espace comme ayant conservé son étendue initiale et comme étant toujours plein de ses éléments d'origine.

Or l'Espace peut être plein de Matière et de Force, l'une incluse dans l'autre, ou bien l'une exclue de l'autre ce qui constitue deux états bien différents, tels par exemple ceux de la vapeur d'eau qui remplit d'abord un vase et qui lui abandonne ensuite sa chaleur pour s'y condenser. Ce second phénomène est l'inverse du premier ; aussi dit-on de lui, en langage scientifique, qu'il est *reversible*.

Fig. 1. — Vapeur d'eau qui se forme et s'étend, en absorbant de la chaleur.

Fig. 2. — Vapeur d'eau qui se condense et se détend, en dégageant de la chaleur.

Je représente ce double travail inverse par des flèches de sens contraire dans les figures ci-dessus (fig. 1, fig. 2).

Ces deux états si différents s'expriment en physique par deux termes contraires, le *plein* et, le *vide*, qui sont d'ailleurs la monnaie courante du langage ordinaire. Chacun d'eux nous donne la conscience et la mesure de l'autre, mais il y a entre eux tous les degrés du relatif à l'absolu, et, si nos instruments ne nous permettent pas d'obtenir le plein et le vide absolus, nous pouvons du moins nous les représenter par la pensée.

Entre ces deux états du plein d'un côté et du vide de l'autre, il y a encore un troisième état, celui du passage alternatif du plein au vide et du vide au plein ; c'est lui qui constitue le mouvement.

Les Anciens, qui croyaient que la Nature a l'horreur du vide, avaient imaginé de remplir l'Espace d'*Éther*, substance qu'ils considéraient comme plus pure et plus légère que l'Air et dont ils avaient fait le principe du Feu. Les Modernes, qui auraient peut-être désiré de s'en passer, ont conservé l'appellation en envisageant l'Éther comme une hypothèse nécessaire à l'explication des phénomènes optiques et électriques, et ils en ont fait le *support indispensable* de la Lumière et de l'Électricité.

Ainsi, on nous apprend en Astronomie que

la lumière d'une étoile éloignée ne nous arrive qu'après plusieurs années pendant lesquelles elle n'est plus sur l'étoile sans être encore sur la terre, et on ajoute qu'il faut nécessairement qu'elle soit, au cours de son voyage, soutenue par un support qui est l'Ether. Fort bien. Mais on nous enseigne aussi en Physique que la lumière traverse instantanément le vide inter-planétaire dans lequel rien ne l'arrête, ni ne la soutient, et même, car ce n'est pas tout, des expériences rigoureuses de cours confirment cette notion.

Que faut-il déjà penser de cette contradiction dans l'enseignement ?

Passons, la Science est riche.

Voyons à présent ce qu'elle pense de l'Éther.

Il s'en faut que les Physiciens soient d'accord sur les caractères et la nature de ce principe.

Pour les uns, c'est un fluide subtil, immatériel, impondérable, bien différent de la Matière et de la Force, et auquel ils font jouer le rôle d'un intermédiaire. Comme s'il fallait à la Force un trait-d'union pour établir ses rapports ou un écran pour tempérer son action !

Pour les autres, il est la Matière même : tantôt la « *Matière primitive* », sans qu'on dise celle qui en dérive ; tantôt la « *Matière véri-*

table », qualification qui éveille aussitôt l'idée contradictoire d'une Matière fausse ; ou bien encore on en fait « *une condensation de Matière vulgaire* », ce qui n'est guère pour nous relever !

Des physiciens lui ont donné une *masse* que d'autres lui ont refusée, ou bien ils l'ont soumis aux lois de la gravitation auxquelles certains autres l'ont soustrait. Fresnel lui a accordé une élasticité constante avec une densité variable que Neumann, au contraire, a dit invariable ; et, si Larmor y a découvert des mouvements de torsion, Maxwell, lui en a trouvé de sphériques. Enfin, lord Kelvin a fait de l'Éther un Solide élastique, impondérable, impénétrable, incompressible auquel il attribue des forces prodigieuses d'une grandeur incalculable. Et ce savant conclut loyalement, en terminant sa conférence, qu'il est actuellement impossible de formuler une théorie de l'Éther qui soit compréhensible.

Que dire de tant d'opinions contradictoires et de ces aveux d'impuissance échappés à bien d'autres ? Est-ce donc vraiment « *la faillite* » ?

Hélas ! Comment n'a-t-on pas vu qu'on confondait dans l'Éther les caractères de la Force avec ceux de la Matière ? Comment n'a-t-on pas reconnu la Force elle-même (j'entends ici *la*

Puissance qui emplit et régit l'Univers) à tous ses caractères dynamiques d'*invisibilité*, d'*immatériali é*, d'*impondérabilité*, de *rigidité* [1], et, au contraire la Matière à tous ses caractères de *visibilité*, de *matérialité*, de *pondérabilité*, d'*élasticité*? A quoi servent donc les yeux de notre esprit, si nous ne comprenons pas que le vide est *inextensible* et *incompressible*, et que c'est *Elle* (cette Puissance) qui retient nos bras quand une machine pneumatique résiste à nos efforts? Que faut-il donc de plus pour nous apprendre que *ses rayons* ne se compriment pas et que le vide céleste de l'Espace est *sa demeure inviolable*?

Ah! vous pouvez lutter, Messieurs de la Science, et multiplier à l'infini vos expériences stériles, pour tenter, comme les Danaïdes, d'en remplir votre tonneau sans fond, mais vous ne comprimerez pas plus les rayons de la Lumière ou des Lignes de force que vous n'arrêterez le Temps qui pourtant, dit-on, est *un galant homme*. Non, vous ne vaincrez pas la volonté rigide et inflexible de *Celui* qui est l'*Absolu*, l'*Éternel* et le *Divin*.

De deux choses l'une : ou les rayons de la Lumière se propagent dans le vide interplané-

---

1. — *Inélasticité*, si on préfère.

taire, et ils n'ont pas besoin de support ; ou bien ils exigent un support et alors il n'y a pas de vide interplanétaire. Les deux hypothèses sont incompatibles ; il faut donc opter. D'autre part, si l'Éther est un support, c'est qu'il est *substance* et comme telle il doit retarder la vitesse de la Lumière qui ne peut plus être instantanée.

De même encore, l'Éther ne peut pas être solide sous peine de le condamner à l'immobilité, car, physiquement et en vertu de la loi des trois états, l'état solide représente la dernière étape de la condensation qui correspond au minimum d'activité de la Matière, c'est-à-dire au principe d'*inertie;* au contraire l'Éther représente le maximum de l'activité qui correspond au principe de *mobilité*. Le solide est l'image du repos et l'Éther personnifie le mouvement.

Enfin l'Éther n'est pas élastique car l'élasticité et la malléabilité sont *les propres* de la Matière, tandis que la rigidité n'appartient qu'à la Force. Quel enfant ne sait pas, en effet, que c'est sa balle de caoutchouc ou son corps qui est souple, non sa force ? Qui de nous ignore encore que la force du sculpteur et celle du forgeron ne pourraient ni modeler la cire, ni forger le métal sans leur malléabilité ? Pour moi, je comprends sans peine que c'est la rigidité de la force qui déclenche un ressort bandé, et je ne doute pas un seul instant que ce ne soit aussi la rigidité de ma force qui ploie une verge ou bien qui la casse net lorsqu'elle lui résiste : la *Puissance* est inflexible et la *Résistance* doit lui être soumise ; malheur à qui ne le comprend pas.

Nulle équivoque n'est possible : l'Éther est la *Force universelle* et la Matière est la *Substance universelle* ; il évolue partout et l'envahit de toutes parts, car elle est *pénétrable* et lui *impénétrable*. Elle est *réductible* et lui *irréductible*. Il est le *radiateur* et elle est la *radiatrice* ; elle est la *substance vibratile* et il est le *principe vibrateur*. C'est elle qui constitue le *corps visible* du Monde et c'est lui qui en est l'*Ame invisible*, quels que soient les différents noms sous lesquels nous désignons ses radiations lumineuses, caloriques, magnétiques, électriques, etc. En deux mots il est la *Puissance*, elle est la *Résistance*, et ce couple dynamique antagoniste constitue la base fondamentale de la *Mécanique Universelle*.

Je n'en dis pas davantage ; j'établis simplement un principe dont je cherche à découvrir l'origine. On verra, dans la suite, que Matière et Force ont chacune deux manières d'être et d'agir qui sont contradictoires mais complémentaires, et que dire *un* est penser *deux*, de même que penser *deux* est encore répéter *un*.

Bien différencier cette dualité antagoniste pour la mieux accoupler est, je pense, une méthode logique qui doit être féconde ; nulle n'est aussi plus facile, puisqu'il suffit d'observer les caractères contradictoires de la Matière et de la Force pour les définir, ce qui revient à dire qu'elles sont *une inversion* l'une de l'autre et qu'elles ont ainsi chacune leur personnalité.

On a, dans ces derniers temps, mené un tel tapage sur *l'évanouissement* de la Matière, qui doit cesser d'être Matière en retournant à son premier état, qu'il faut bien s'occuper un instant de ce cas pathologique mais heureusement bénin dans la vie du Cosmos. Pauvre Matière !

L'auteur de cette doctrine, qui vise (il le dit lui-même) à faire disparaître la grande dualité du Monde pondérable et du Monde impondérable, commence d'abord par la maintenir en *dualisant* tout à la fois son titre et son argumentation dans les termes suivants qui reviennent à chaque ligne de sa doctrine : *matérialisation* et *dématérialisation* de l'Énergie, *Matière* et *Force* ou *deux choses semblables sous des aspects différents*, équilibre *stable* et *instable*, *Éther* et *Matière* où *lui* et *elle*, etc. Or, pourquoi ce dualisme contradictoire du langage quand on parle de faire disparaître celui de la Nature? Il faudrait pourtant réfléchir que le mot *équilibre* implique à lui seul une idée de contraste, et se dire qu'on le dualise deux-fois en le qualifiant de stable et d'instable. La logique consiste-t-elle à se servir de ce qu'on veut détruire, ou bien est-elle l'art de se contredire sans en donner et, peut-être même, sans en comprendre la raison? Et, si on ne peut pas se passer de cette dualité, que signifie alors l'*Intra-atomisme* sans sa contradictoire l'*Extra-atomisme*? Pourquoi ce veuvage scientifique?

Ne nous attardons pas à cette théorie qui tend à faire croire que la *Matière condensée* est un réservoir colossal d'*Énergie condensée*, et que le Radium est un thésauriseur magique de chaleur solidifiée; cette conception équivaut à soutenir que la chaleur de la vapeur d'eau se condense et se liquéfie avec elle et en elle. Une telle croyance serait, en termes honnêtes, de la puérilité.

L'Énergie condense mais ne se condense pas, et j'en ferai plus loin une démonstration qui confirmera ce que tout le monde sait, ce que tout le monde croit, la permanence de la

Matière et de la Force, ainsi que leurs individualités qu'on veut rendre suspectes.

Dans un plaidoyer écrasant qui rappelle
assez bien l'apologue savoureux et toujours vrai
du *pavé de l'ours,* un illustre défenseur de la
Science [1] a bien voulu écrire « qu'elle ne cherche
pas à atteindre les choses elles-mêmes mais
simplement leurs rapports ».

Hé bien, je le demande, où sont-ils ces
rapports des Sciences entre elles ou bien encore
ceux du Monde physique avec le Monde moral ?
En quoi, par exemple, la Géométrie se relie-t-
elle à la Psychologie ou l'Algèbre à la Socio-
logie et la Médecine à l'Astronomie ? Quelle
parenté existe-t-il encore entre les ondulations
périodiques de la Lumière ou de l'Électricité et
celles de tous nos actes passionnels ou autres ?
Si la Science ne démontre pas ces relations, on
peut dire que c'en est fait de son unité.

Pour établir leurs principes fondamentaux,
les Sciences Physiques et Mécaniques ont émis
des hypothèses arbitraires et inutiles. A quoi
sert, par exemple, de supposer qu'un corps qui
n'est soumis à aucune force ne peut avoir qu'un
mouvement rectiligne et uniforme (*principe*

---

1. — Poincarré. Science et Hypothèse.

d'inertie), quand nous savons qu'il n'y a pas de corps dans le Cosmos qui ne soit soumis à l'action de la Force Universelle et quand la raison et les faits nous disent que tout mouvement commencé doit aboutir à une gyration ? S'imagine-t-on une droite infinie, dont les deux extrémités seraient condamnées à ne jamais se voir, à ne jamais s'unir, et un point de départ qui ne connaîtrait jamais celui de l'arrivée ?

Si un rayon lumineux (un mouvement) devait se propager indéfiniment en ligne droite, il serait sans but comme sans effet, car il n'aurait même pas la faculté de se retourner pour se réfléchir et on ne connaîtrait ni la diffraction, ni l'aberration, ni la polarisation rotatoire; bref il n'y aurait plus d'ondulations. Adieu alors de la figure du cercle, la plus noble de toutes les figures parce qu'elle est le symbole de l'union parfaite et de la fécondité. Adieu aussi des vibrations transversales de Fresnel et du principe de Pascal sur l'*égalité de pression*, en vertu duquel le mouvement se répartit en tous sens.

Un rayon lumineux, qui vient en ligne droite frapper nos yeux, y détermine des ondes transversales avec un mouvement gyratoire au point de la rencontre, d'où le rayon se réfléchit ensuite pour revenir à son point de départ ; un courant électrique, lancé en ligne droite dans un fil, fait tourner une machine à son extrémité en y déterminant des vibrations circulaires, et ainsi de suite pour tous les mouvements.

La lumière n'agit pas autrement que nous-mêmes qui tournons une difficulté, ou un mur quand ils arrêtent notre marche : elle vire de bord pour passer si elle rencontre une résistance, et, de verticales, ses radiations deviennent transversales ; c'est-à-dire qu'au lieu d'être un rayonnement lumineux visible et positif, elle se métamorphose en un courant obscur, invisible et négatif —. Positive +, on dit qu'elle *se propage* ; négative —, elle *court* dans ce qui la conduit [1].

On a aussi reproché aux anciens Physiciens d'avoir multiplié et matérialisé les Fluides sous prétexte, a-t-on dit, que c'était là créer des êtres sans nécessité et creuser un abîme entre eux. Il eût été plus exact d'écrire qu'il est infiniment regrettable qu'on n'ait pas au contraire universalisé la méthode parce qu'on aurait vu que cette nécessité est réelle et connu tout à la fois

---

[1]. — Voir à la fin les notes additionnelles 2 et 3 sur les inversions dynamiques ; voir aussi dans l'Amour dans l'Univers les transformations de la Lumière, de la Chaleur et de l'Électricité *l'une dans l'autre.*

les rapports que tous les Fluides ont entre eux et avec la Matière.

Et d'abord, à propos du mot, comment peut-on espérer d'unifier et de simplifier la Science lorsqu'on en change les termes chaque jour? Hier, tout était· *Fluide*, aujourd'hui tout est *Mouvement* ou *Énergie!* Hé bien, je le demande encore, en quoi ces changements de nom ont-ils comblé l'abîme?

Et ensuite, pourquoi ne pas multiplier les Fluides? Pense-t-on que la Matière ait le privilège exclusif de la multiplicité et de la variété? Ne savons-nous pas que chaque type de corps est doué de propriétés dynamiques individuelles, et qu'il y a dans la Nature autant de personnalités dynamiques que d'individualités mécaniques? Craint-on donc pour leur unité? On sait bien cependant que la multiplicité des racines, des branches et des feuilles ne nuit pas plus à l'unité d'un arbre que le nombre et la variété des rayons de la lumière ou l'abondance et la diversité des pensées de l'âme ne nuisent elles-mêmes à l'unité de ces deux énergies. Alors, dans quel but faire des exclusions? Au lieu d'accuser la multiplicité des fluides d'avoir rompu les liens, il eût été plus juste de reconnaître que l'étroitesse des vues de la Science a borné l'horizon, en lui masquant toutes les variétés fluidiques de l'Ame, de l'Instinct, de la Gloire, de la Honte, et de tant d'autres milliers de rayonnements.

Avec leurs croyances à la pluralité des Ames, les Anciens avaient vraiment sur la Nature une idée plus juste que les Modernes.

Enfin, pourquoi ne pas matérialiser les Fluides ? Est-ce à dire que la Matière soit de trop dans le Monde et qu'il faille le refaire ? N'est-ce donc pas elle qui nous fait connaître les Fluides ?

Nous vivons dans un Univers où tout est visible et invisible « *Omnium visibilium et invisibilium* », et notre vie se passe à juger de l'invisible par le visible. Ainsi les radiations célestes qui nous éclairent sont obscures et invisibles par elles-mêmes, mais elles deviennent lumineuses et visibles par leur matérialisation dans l'Atmosphère et dans nos yeux. Ainsi encore, la Chaleur, la Vapeur, l'Électricité et le Magnétisme, qui produisent des effets si puissants, sont des forces invisibles ; cependant, nous savons bien les rendre manifestes en faisant passer la chaleur dans la vapeur d'eau dont nous voyons et ressentons les effets, ou en matérialisant leurs courants dynamiques dans les fils de nos appareils qui sont les porteurs bienfaisants ou redoutables de leurs manifestations.

Il en est encore de même pour le mouvement, la pesanteur et le son.

Bien plus, notre âme, ses pensées et nos sensations sont pareillement invisibles ; pourtant nous n'ignorons aucun de leurs effets car la moindre sensation agite notre corps, et il est telle de nos pensées qui peut bouleverser le Monde. Or, comment en prenons-nous connaissance ? — En donnant un corps à ces pensées, c'est-à-dire en les matérialisant sous la forme de mots qui les expriment et les font connaître à nos yeux dans une lecture, ou bien à nos oreilles dans une conversation. Chaque mot écrit ou bien parlé est une image électro-magnétisée par nous, et le papier ou l'air chargés des signes de cette image ne sont que les supports de ce dynamisme sensationnel et les intermédiaires de nos échanges. L'orientation dynamique des ondes est simplement différente car les yeux voient *de face* tandis que les oreilles entendent *de côté*.

En résumé, c'est la matérialisation de la Force qui la rend connaissable ; pourquoi donc alors condamner la méthode ? Étudier l'un sans l'autre deux principes qui se complètent, c'est amputer ce qu'a fait la Nature pour ne voir que la moitié des choses. Adieu alors de la mutualité des relations et du principe de l'action égale à la réaction.

Avec un peu plus de logique et un peu moins d'exclusion, on aurait pu remarquer que l'Ame, avec ses mouvements passionnels, a des rayonnements analogues à ceux de la Lumière dont elle dérive, et de là à conclure qu'ils doivent avoir la même manière de marcher, de vibrer, avec les mêmes lois de réflexion, de réfraction, de dispersion, de polarisation, etc., il n'y avait qu'un pas. La démonstration se serait ensuite facilement étendue à tout l'ensemble de l'Univers.

Ce qui a rompu les liens, c'est de ne pas avoir suivi d'assez près chaque transformation dynamique dans chaque métamorphose de la Matière, en un mot de ne pas avoir assez *individualisé* les phénomènes pour les relier ensuite dans une grande synthèse. Il ne suffit pas, ainsi qu'on l'a écrit, d'aller du particulier au général pour avoir une juste idée des choses, il faut encore revenir du général au particulier, car il n'y a d'unité dans une méthode que si elle est reversible ; aussi cette conception restreinte est-elle restée stérile.

J'ajoute pour ne rien omettre que chaque

branche de la Science, ne voyant qu'elle en soi, ne s'est point inquiétée de savoir par des comparaisons nécessaires si ses principes fondamentaux s'accordaient avec ceux des autres sciences, en sorte que cet égoïsme scientifique n'a pas été une des moindres causes de l'impuissance générale.

§ II. — La Contradiction

On reste vraiment confondu de voir que tous les concepts de la Science n'ont été imaginés que pour échapper à la *contradiction*. La contradiction ! mais elle est la nature des choses, car on ne voit qu'elle dans le Monde.

La tradition anthropologique de la Genèse nous a conservé le souvenir du contraste sexuel d'Adam et d'Ève, nos premiers parents ; les Anciens nous ont transmis leurs théories sur les antinomies du blanc et du noir, du pair et de l'impair, de la droite et de la gauche ; les Dogmes religieux nous ont aussi révélé l'existence de Dieux ét de Démons. De leur côté, les Philosophes, séparant l'âme du corps qu'ils abandonnaient aux Médecins, lui reconnaissaient deux états différents en lui accordant le principe contradictoire de la vérité et de l'erreur, du vouloir et du non-vouloir, pendant que les Médecins, envisageant le corps, constataient la bi-latéralité droite et gauche de tous ses organes ; enfin les Astronomes bi-polarisaient la Terre et le Soleil, imités en cela par les Physiciens qui dualisaient les phénomènes optiques, caloriques et électriques en les qualifiant de positifs et de négatifs.

Les observations n'ont donc pas manqué, mais la Science n'en a pas voulu. Il eût été trop simple de reconnaître que l'enseignement est basé sur la contradiction d'un maître et d'un écolier, l'un savant et l'autre ignorant ; que la famille est une contradiction hiérarchique et naturelle de parents et d'enfants qui diffèrent tous d'âge, de sexe et de caractère ; ou bien que la Société est la contradiction régulièrement organisée de classes toutes différentes entre elles. La Science avait un autre idéal : elle voulait une langue à elle et pour ses seuls initiés, avec des chiffres, des signes, des axiomes et des formules auxquelles, humbles profanes, nous ne voyons goutte, et, fidèle à son programme, elle a fermé les yeux.

Certes, on ne peut que louer la Science d'avoir découvert que l'énergie, dépensée pour charger un condensateur électrique ou pour emplir d'eau un réservoir, se retrouve sous forme de chaleur ou de travail chaque fois qu'on décharge l'un ou bien qu'on vide l'autre, et il est bien à elle d'avoir ainsi réduit les lois de la Physique aux principes fondamentaux de la Dynamique ; mais pense-t-elle avoir tout dit sur cette antithèse incessamment répétée de charges et de décharges ou de remplissages et de vidanges ? A-t-elle bien le droit de se montrer si fière quand elle garde le silence sur ce mécanisme contradictoire du *faire* et du *défaire* qu'on retrouve dans tous nos actes les plus simples ? Il est pourtant utile de le savoir.

Que signifient, par exemple, ces deux actes si contraires d'ouvrir et de fermer une porte pour entrer et pour sortir, ou bien ceux de sauter du lit pour s'habiller et de se déshabiller pour rentrer dans le lit ? Avons-nous bien notre raison pour défaire ainsi par le travail du soir le travail fait le matin, et pour répéter quotidiennement l'exercice ? Jouissent-ils aussi de leur bon sens, ce mathématicien qui divise ce qu'il a multiplié et ce chimiste qui analyse ce qu'il vient de synthétiser ? Est-ce donc exclusivement pour conserver l'énergie ? Et notre compagne est-elle encore assez folle de défaire notre travail de fécondation par son travail de parturition, en nous retournant à l'échéance de neuf mois le cadeau que nous lui avions fait ? Pourquoi cet acte physiologique d'entrée et de sortie comme il y en a tant d'autres ? Voilà ce qu'il serait intéressant de connaître.

Ayant vu, sans la comprendre, l'antinomie de la gauche et de la droite, la Science n'a pas observé que la naissance d'un mâle suivie de celle d'une femelle est une contradiction, ni remarqué que leur accouplement est aussi un acte fonctionnel contradictoire. Encore moins a-t-elle réfléchi que la lumière, qui naît du choc d'un briquet contre un silex, est le produit d'une lutte antinomique entre le mouvement de l'un et le repos de l'autre, ou bien que l'obscurité, qui naît de l'interférence de deux rayons lumineux, résulte aussi de leur conjugaison antagoniste.

Bref, volontairement rebelle à la contradiction, la Science a méconnu la portée de ce principe fondamental sans soupçonner un instant que *les Contraires sont des principes créateurs et que la Création a partout la même facture originale avec les mêmes lois primordiales.*

Anxieuse d'unité et la cherchant partout, plusieurs fois sans l'apercevoir la Science a passé près d'elle. C'est ainsi qu'elle a, chemin faisant, constitué les sciences de l'*Énergétique*, de la *Thermodynamique* et de la *Thermochimie* par l'accouplement contradictoire d'*énergies cynétiques* et *potentielles*, de *cycles reversibles* et *irréversibles*, et de *réactions endothermiques* et *exothermiques*, mais sans voir que deux quantités contraires égales entre elles en engendrent une troisième, et sans se douter qu'elle subissait ici la loi d'un grand principe en mariant des antinomies génératrices d'unités scientifiques.

De quel qualificatif doit-on se servir pour caractériser un tel aveuglement ?

Ce n'est pas de nous dire, comme Lagrange, « *qu'une force est une cause qui produit le mouvement ou qui tend à le produire* », ni, comme Kirchoff, « *que c'est le produit de la masse par l'accélération* », ni, comme une autre illustration[1], « *que ces difficultés sont inextricables et qu'il suffit de mesurer la force, sans qu'il soit besoin de savoir ce qu'elle est en soi, ni si elle est cause ou effet de mouvement* », qui peut satisfaire notre esprit. Nous attendons davantage de la Science, nous qui ne sommes pas des savants. Nous voulons qu'elle nous désaltère lorsqu'elle nous

---

1. — Poincarré. Science et Hypothèse.

assoiffe, et nous exigeons, quand elle nous parle
de *force* et *d'unité*, qu'elle commence par les
définir et par nous faire connaître leur utilité ;
autrement, nous l'accusons d'impuissance et de
n'être pas la Science.

Ce que nous lui demandons, chaque fois
qu'elle nous démontre l'égalité de deux forces
et de deux quantités qu'elle nomme volontiers
un couple, c'est de nous expliquer la raison de
ce couple contradictoire et de cette égalité antagoniste, leur *pourquoi*, leur *comment*.

Il ne suffit pas de nous dire sèchement qu'elles
sont égales parce qu'elles se font équilibre quand
on les oppose ; il faut nous faire comprendre
que *les équilibrer c'est les constituer en une espèce
à deux genres contraires, mâle + et femelle —* [1],

---

1. - Les signes mathématiques + et — ou plus et moins,
déjà usités en Physique pour désigner le Positif + et le
Négatif —, ont aussi l'avantage de s'appliquer à toutes les
autres antinomies. Ils peuvent caractériser le genre sexuel
d'un couple dynamique et définir aussi la part de travail
qui revient à chaque facteur du couple. Je vais donc en
universaliser l'emploi en donnant le signe + à *l'homme*,
au *droit*, à *l'incident*, au *lumineux*, etc., et le signe — à
la *femme*, au *gauche*, au *réfléchi*, à *l'obscur* et ainsi de
suite. Mais on comprend bien que ce qui est droit pour
l'un est au contraire gauche — pour celui qui lui fait face,
en sorte qu'il y a toujours deux manières contraires d'être
positif et d'être négatif. Il est donc entendu que le lecteur
peut, s'il le préfère, mettre à gauche ce que je mets à droite
et inversement sans pour cela rien changer au système.

équivalents l'un de l'autre, et que *les opposer contradictoirement c'est les coupler en union sexuelle pour leur faire produire un effet positif +* ou *négatif — suivant le sens droit ou gauche de leur courant dynamique.*

Il faut ensuite nous enseigner qu'un effet ne peut-être *accompli* que s'il est reversible, c'est-à-dire que *si l'ordre des facteurs peut être interverti,* attendu, par exemple, que deux pesées égales, faites successivement l'une à droite et l'autre à gauche, sont deux effets contraires mâle + et femelle — ou encore un couple positif + et négatif —.

Il faut enfin nous dire par quel mécanisme fonctionnel s'accomplit ce double effet inverse, c'est-à-dire nous montrer le travail alternatif et croisé des deux mains qui font une double pesée.

Nous comprendrons alors pourquoi on fraise à contre-sens une vis et un écrou afin d'en faire *un couple de forces;* pourquoi deux triangles, qu'on couple face à face, par leur base contradictoire, constituent *un quadrilatère de forces;* comment un forceps, une paire de tenailles et un étau sont aussi des *unités,* des *forces* ou des *espèces* parce que ces instruments sont des couples de deux branches ou mâchoires équiva-

lentes mais contradictoires ou mâle et femelle,
que le mouvement n'a qu'à traverser dans un
sens ou dans l'autre pour leur faire produire
un effet positif + ou négatif —. En un mot,
nous comprendrons la Création.

Afin de donner une juste idée de ce qu'est
un couple dynamique positif + et négatif —, je
vais prendre deux exemples dont le choix ne
sera pas, peut-être, pour déplaire aux mécanistes
et penseurs.

Qu'on veuille bien observer cet artisan qui
enfonce et arrache un clou, en se servant successivement de son marteau et de ses tenailles,
pour se demander ensuite ce qu'il vient de faire ?
La réponse est facile : il vient de constituer ces
deux instruments de travail en un couple de
forces, *parce que l'un d'eux défait — ce que l'autre
a fait +*.

Qu'on le regarde à présent : il a laissé ses
tenailles pour n'employer que son marteau,
mais il se sert successivement de la *tête* pour
enfoncer le clou et de la *panne* pour l'extraire.
Et alors ? — Quoi ! ne voyez-vous pas qu'il le
constitue pareillement en un *couple de forces
puisque cette inversion fonctionnelle lui permet
encore de faire + et de défaire — ?* N'entendez-vous
pas que *ce qui constitue l'Unité Dynamique c'est*

précisément d'avoir les deux pouvoirs positif + *et négatif* —, car c'est ainsi que Dieu nous donne + et nous reprend — la vie ? Ne devinez-vous pas enfin que tout le mécanisme de la Création tient dans ces mots et dans ces signes *faire* + et *défaire* —, ou bien dans ceux-ci *être* + et *ne pas être* — ?

Ah ! il faut le dire sans artifice, la plus grande erreur de la Science a été de ne pas comprendre le principe de l'Unité qu'elle avait découvert et mis en axiomes, et de ne pas avoir vu que l'*Unité est* un couple ; que la Lumière + et l'Obscurité —, l'Électricité + et le Magnétisme —, la Chaleur + et le Froid — ou bien l'Homme + et la Femme —, considérés ensemble ou séparément, sont aussi des couples dynamiques analogues, générateurs de phénomènes et de corps qui sont eux-mêmes alternativement positifs + et négatifs —.

Certes, on distinguait bien en Mathématique des quantités positives + connues de tout temps et des quantités négatives — plus récemment découvertes ; on avait bien aussi en Physique une théorie encore plus moderne dite des Fluides positif + et négatif —, mais, de même que pour l'Éther, la Science les considérait seulement comme des hypothèses favorables à l'interprétation des phénomènes et elle n'admettait point leur réalité tant l'idée de dualité répugne à certains esprits.

La Science en faisait une question ; elle consentait au plus + *ou* au moins —, mais elle ne voulait pas du plus + *et* du moins —. L'Unité pour elle était une unité, non une dualité. Or, voilà le fâcheux, l'Unité est précisément une dualité et elle est contradictoire, car on connaît des intellectuels et des brutes dans l'unité humaine. Et, non seulement, il existe une *Force blanche* + rayonnant noir — et officiellement reconnue, mais il y a aussi une *Force noire* — rayonnant blanc + et sans état-civil. Bien plus, elles ont l'une comme l'autre la même grandeur physique, la même valeur dynamique. L'erreur de la Science a donc été de chercher le principe de l'Unité en dehors de sa dualité, que dis-je ! en dehors aussi de sa *complexité*.

Je vais donner un aperçu général de cet antagonisme, en rappelant ce que j'ai écrit dans « le *Positif* + et le *Négatif* — », en 1890, c'est-à-dire plusieurs années avant la découverte du docteur Röntgen sur les rayons x.

« Non, je le déclare ici, la Lumière n'est pas « seule à entretenir la vie et à produire la « vision, puisqu'il y a deux sortes de vie qui

« sont de jour et de nuit, et deux sortes de
« visions qui sont réelles et imaginaires.

« Oui, je l'affirme ici, la *Lumière* a une sœur
« qui est l'*Obscurité*, puisqu'il y a tout un monde
« minéral, végétal et animal qui ne vit et ne
« s'éclaire que par elle.

« Le firmament peuplé de millions de Nébu-
« leuses, de constellations et d'Étoiles groupées
« en Sociétés ou vivant isolées, qui ne s'illumi-
« nent que pendant les ténèbres ; l'Atmosphère
« de nuit sillonnée en tous sens par des êtres
« ailés dont les mœurs sont nocturnes ; les
« Océans habités et éclairés par des individua-
« lités sans nombre que l'obscurité des nuits et
« la sombre profondeur des eaux rendent phos-
« phorescents ; la Terre remplie de pierres pré-
« cieuses et de corps qui deviennent lumineux
« à l'obscurité, couverte de plantes qui ne
« s'épanouissent qu'à la chute du jour et de
« créatures appartenant à toutes les espèces
« des trois grands règnes comme à toutes les
« classes de nos sociétés qui font de la nuit leur
« jour, tels sont les témoins à charge de cette
« entité négative.

« On les a vus ces corps phosphorescents et
« fluorescents, phosphore, diamant, monosul-
« fures alcalins, esculine, quinine et autres qui

« ent physiquement, chimiquement, les attri-
« buts de l'hydrogène basique et qui veulent
« être oxygénés; ces daturas nocturnes aux
« parfums enivrants, ces nymphœa roses et ces
« œnothères qui versent leur nectar aux papil-
« lons crépusculaires, tels que Sphinx, phalènes
« et grands paons de nuit ! On les a vus ces
« lampyres qui illuminent nos champs, ces
« grands ducs, ces hiboux, ces chouettes au vol
« silencieux et oblique, qui ne vivent et ne
« chassent que de nuit ! On les connait ces êtres
« humains du nom d'Albinos qui fuient la
« lumière du jour dont l'éclat les aveugle dans
« l'attente de la nuit dont l'obscurité les éclaire !
« On les connait aussi ces passionnés de plaisirs
« qui mènent la vie en fêtes de nuit et ces noc-
« turnes sanguinaires, daltonistes voyant rouge,
« qui égorgent leurs semblables au milieu des
« ténèbres !

« Tous les positifs savent bien ces choses et
« beaucoup d'autres que j'ignore, et pourtant
« ils ne connaissent point cette Force ; ils pré-
« fèrent la nier sans se douter hélas ! qu'ils sont
« ainsi des négatifs. Ils demandent des preuves ?
« Comme s'ils ne savaient pas qu'ils sont posi-
« tifs en faisant la demande et négatifs en guet-
« tant la réponse, ou comme s'ils ignoraient

« qu'une moitié de leur personne, de leurs
« actes, de leur vie, de Dieu même est aussi
« négative! Ah! tenez, la colère m'emporte et...
« voilà que moi-même je deviens négatif.

     « On nous enseigne en Physique, en Chimie,
« qu'il y a des rayons calorifiques, chimiques,
« ultra-violets, infra-rouges, excitateurs, con-
« tinuateurs, qui colorent, qui décolorent, qui
« traversent, qui ne passent pas, qui font de la
« lumière, de l'obscurité, des phosphorescences,
« des fluorescences, des calorescences, et encore
« autant d'autres phénomènes qu'il y avait jadis
« de portes à l'antique ville de Thèbes; on nous
« apprend encore que le Soleil nous envoie
« deux sortes de rayons lumineux et obscurs
« qui sont juxtaposés, que les faisceaux de ces
« rayons obscurs ont la même étendue que
« ceux des rayons lumineux, qu'ils ont autant
« de types diversement réfrangibles les uns que
« les autres, que les couleurs des propriétés
« spectrales s'inversent dans chaque faisceau
« et que... que sais-je encore? Mais à quoi
« sert, grand Dieu, cette fécondité de travaux
« si elle ne doit aboutir qu'à une négation ?

     « Faut-il le dire ? La figure d'un simple
« *rond*, d'un cercle pour l'appeler de son nom
« scientifique, rayonné moitié noir et blanc,

« nous en apprend plus avec ses deux flèches
« et ses deux signes contraires que toute cette
« luxuriance académique.

« Elle nous démontre, en effet, géométri-
« quement, la réalité des deux demi-forces
« blanche et noire, leur équivalence, l'étendue
« de leurs faisceaux rayonnants, la longueur et
« le nombre des types de diverses réfrangibilités,
« l'inversion de leurs mouvements, de leurs
« couleurs spectrales et autres phénomènes.
« Elle nous explique même (que n'expliquerait-
« elle pas ?) le procédé de la métamorphose : le
« blanc est du noir in-
« versé et le noir est
« du blanc renversé ;
« le jour est une inver-
« sion de la nuit et la
« nuit est une inver-
« sion du jour (fig. 3).

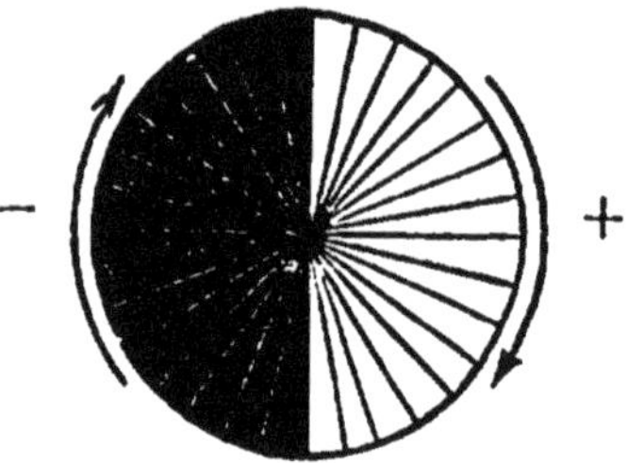

Fig. 3.

« Mais, interrogez-
« le donc ce *rond* qui vous dira sous forme de
« charade dans son éloquence enfantine :

« Je vais + et reviens −, mais je vais aussi −
« et reviens + suivant le sens où l'on me prend.
« Je rayonne *lumineux* quand j'ai les flammes
« *noires*, et *obscur* quand j'ai les flammes *blanches* ;
« voyez plutôt mes rayons blancs et mes rayons

« noirs. Je suis féminin quand je suis négatif,
« masculin quand je suis positif ; voyez plutôt
« comme les rayons noirs entreraient dans
« mes blancs. Je m'éclaire des rayons blancs et
« moi des rayons noirs. Je fais voir la nuit ceux
« que j'aveugle le jour, et j'aveugle le jour ceux
« que j'éclaire la nuit. Blanc, je mène au noir,
« et noir, je ramène au blanc ; voilà pourquoi
« je blanchis le visage du prisonnier dans sa
« cellule obscure ou la toile étendue sur l'herbe
« au milieu de la nuit, tandis que j'insole et
« colore le teint du campagnard ou du chlorure
« d'argent exposés au plein jour. Vivent les
« blancs ! Vivent les noirs !

« De la lumière jaillissant des ténèbres et
« des ténèbres jaillissant de la lumière ! c'est
« bien ainsi qu'il faut comprendre cette sublime
« antithèse de la Création.

« Quel est donc le nom de ce savant qui a
« découvert, ô étrange phénomène, que de « *la
« lumière ajoutée à de la lumière engendre de
« l'obscurité* » ? N'est-ce pas le jésuite Grimaldi ?

« Quoi ! deux rayons lumineux font de
« l'obscurité quand ils se rencontrent ! Ren-
« versons alors cette vérité fondamentale de
« l'optique et nous allons écrire cette autre
« vérité non moins fondamentale : *de l'obscurité*

« *ajoutée à de l'obscurité engendre de la lumière.*

« Aussi bien, voici des preuves :

« — Deux rayons *obscurs* (expérience Tyndall)
« font de la chaleur
« *lumineuse* quand
« ils se rencontrent
« (fig. 4).

« Deux courants
« *obscurs* (ceux de la
« pile ou du briquet)
« font naître de la
« *lumière* quand ils
« vont l'un sur l'autre.

Fig. 4. — Solution d'iode interceptant les rayons lumineux électriques et ne laissant passer que les rayons obscurs qui vont enflammer des allumettes au foyer de la rencontre.
D représente les rayons droits +.
G représente les rayons gauches —.

« — Enfin deux plaideurs *obscurs* font naître
« la *lumière* d'un juge pour les arbitrer.

« Qu'on épilogue tant qu'on le voudra sur
« cette lumière prétorienne, mais un juge naît
« de la rencontre de deux plaideurs contraires
« et il naîtra un juge toutes les fois que ce duo-
« dynamide se rencontrera face à face.

« Voilà, du moins, un beau sujet de médi-
« tation pour un amateur de génération spon-
« tanée.

« En résumé, les deux rayons lumineux +
« de Grimaldi se retournent obscurs — ; les
« deux rayons obscurs de Tyndall ou de la pile
« se renversent lumineux +, et les deux plai-

« deurs ennemis — s'en retournent d'accord +.

« Le positif va +et revient — ; le négatif va —
« et revient +.

. . . .

« Mais qui donc la connait cette Force invi-
« sible et radiante sur laquelle je bégaie sans la
« connaître moi-même ? Celle qui donne la
« Nostalgie ou mal de retour au pays ? Celle qui
« fait, ici, germer la graine dans le Sol et l'enfant
« dans le sein de sa mère ; et qui, là, détruit les
« plantes et les corps enfouis dans le sol et au
« fond des cercueils ? Celle qui clôt le calice des
« belles de jour pour ouvrir celui des belles de
« nuit à l'inverse de la blanche qui n'endort les
« belles de nuit que pour réveiller les belles de
« jour ? Celle qui n'assoupit nos fonctions ani-
« males et actives que pour endormir nos fonc-
« tions végétatives et passives, à l'inverse de la
« blanche qui n'endort la végétabilité et la pas-
« sivité que pour réveiller l'animalité et l'acti-
« vité ? Celle qui développe en large au contraire
« de celle qui développe en long ? Celle enfin
« qui a ses gammes de rayons colorés, odo-
« rants et sonores, de corps opaques et trans-
« parents, ses réflexions et ses réfractions en
« tous sens au travers de l'Espace, à l'inverse de
« la Positive, et qui a toujours comme elle sa

« route, ses phénomènes et ses êtres avec leur
« double manière d'être ? »

(*Le Positif* + *et le Négatif* — *1890*).

J'arrête ici la citation, mais on peut déjà
juger par ce simple aperçu que la Lumière et
l'Obscurité ont des droits égaux à notre consi-
dération scientifique.

Quelle victoire pour la Science, si elle avait
connu, par l'analyse du principe de l'Unité, que
toutes les antinomies ont entre elles le même
rapport parce que tous les mots du langage
universel sont synonymes les uns de positif +
et les autres de négatif — !

Quel triomphe pour elle, si elle avait établi
que tout ce qui est positif + et négatif — se
résume en une droite + et en une gauche — qui
peuvent se représenter graphiquement par une
ligne verticale et par une ligne horizontale [1], ou
bien par de simples flèches d'aller et de retour !

Quelle gloire enfin, si elle avait démontré
que cet antagonisme contradictoire + et — est
la source même de la vie !

---

1. — Voir à la fin les notes additionnelles 4 et 5.

CHAPITRE II

§ I. — L'UNITÉ ET SON PRINCIPE

SA CONSTITUTION, SA FONCTION, SON BUT

§ II. — MÉCANISME DE L'ACTE CONJUGAL

LA LOI DE CRÉATION

—

§ I. — L'Unité et son principe
SA CONSTITUTION, SA FONCTION, SON BUT

La question se pose donc d'interpréter les axiomes de l'Unité pour en faire l'analyse.

Quels sont ces axiomes ?

— « *Un entier vaut deux demi* ou *deux moitiés font un entier* ».

— « *L'unité est éternellement divisible* ».

Tels sont les axiomes ; que veulent-ils dire au sens des mots ? Il n'y a qu'à les traduire :

— *Unité*, c'est-à-dire *ce qui est uni à des parties* ou *un tout qui est complexe;*

— *Divisible*, c'est-à-dire *un tout qui est séparable en ses parties* ou un principe qui renferme en lui ceux de la *pluralité* ou *multiplicité*, et de la *variété;*

— *Un entier vaut deux demi*, c'est-à-dire *une dualité* ou *un couple de deux moitiés contraires*.

Qu'est-ce alors que le principe de l'Unité?

— Celui de la *contradiction*, aussi bien dans sa *constitution* que dans sa *fonction* et dans son *but*.

CONSTITUTION DE L'UNITÉ. — La constitution de l'*Unité* est d'être une *Dualité*, voire même une *Trinité*, c'est-à-dire d'avoir les *trois principes en un*.

Ainsi *une* pomme est une *dualité* parce qu'elle a deux moitiés de pomme *contraires*, et une *trinité* parce qu'on peut la couper en deux moitiés égales sur chacun de ses trois grands axes pareillement *contraires*.

Ce n'est pas tout : on peut aussi ramener l'Unité à chacun de ses trois termes sans en changer la valeur. Exemple :

$$1 + 1 + 1 \quad \text{ou} \quad 1 + 2 \quad = \quad 3$$

Trinité   *Dualité*   *Unité*

Le principe est donc indépendant de la valeur; il lui est supérieur.

Enfin, l'Unité exprime toujours une idée de trois termes contraires dont l'un est le *produit* des deux autres.

En voici des exemples :

Un enfant est le produit d'un couple masculin + et féminin —; *un homme* est celui d'une âme + couplée avec un corps —; *une onde* est aussi le produit de deux vibrations gauche — et droite + accouplées l'une à l'autre ; enfin *l'eau* est encore le produit de l'union de deux gaz antagonistes, Hydrogène — et Oxygène +.

Il y a même autre chose à considérer pour l'eau. Ainsi sa molécule n'est pas seulement le produit de deux facteurs contraires ou le rapport entre trois termes ; elle a encore les trois états. *gazeux*, *liquide* et *solide* ; enfin, un volume d'oygène et deux volumes d'hydrogène, soit en tout trois volumes, s'unissent en deux volumes de vapeur qui finalement se soudent en un seul volume liquide dit *une* molécule d'eau, si bien que le mot eau exprime en lui

3 termes, 3 états, 3 volumes.
Et hi tres unum sunt.

Bref, il faut toujours deux termes contraires couplés l'un avec l'autre pour en engendrer un troisième pareillement contraire. Mathématiquement le grand problème de la Création tient dans cet axiome : *3 est le produit des 2 moitiés de 1.*

L'Unité a aussi un autre principe double et contradictoire, celui de l'*indivisibilité* et celui de la *divisibilité*. En effet, *matériellement*, il y a toujours un obstacle infranchissable à la division d'un atome, tandis que, *mentalement*, nous le divisons sans peine à l'infini. Cette divisibilité de l'unité nous permet de la réduire, mais elle est aussi multipliable, ce qui permet de l'agrandir. Constitutionnellement, l'unité peut donc être petite ou grande sans cesser d'être une unité, et je montrerai plus loin comment elle se divise ou bien se multiplie à l'aide d'exemples qui feront aussi comprendre la raison de cette double propriété.

Unitairement, il résulte de ce qu'on vient de lire que l'atome des physiciens, la molécule des chimistes, ou bien le point des géomètres sont des couples entièrement assimilables l'un à l'autre ; de là cette conséquence que la théorie chimique qui s'appuie sur l'*indivisibilité* et sur l'*identité* de la dernière particule des corps repose sur deux erreurs.

Que l'unité se nomme homme, femme, pomme ou bien chapeau, il n'importe, chacun de ces termes est une unité parce qu'il est un couple de deux moitiés équivalentes et complémentaires. Qu'on réunisse mille hommes avec autant de femmes, ou bien encore mille pommes ou même mille chapeaux, il n'importe pas davantage ; toutes ces quantités sont simplement de grandeur supérieure parce qu'elle sont des couples de *même espèce* dont les deux moitiés, *équivalentes* mais *de genres diffé-rents*, se complètent l'une et l'autre, de telle sorte qu'elles ont la *similitude dans l'espèce* et la *contrariété dans le genre*, ce qui fait précisément le caractère contradictoire de l'unité.

Ramenée à ces principes essentiels, la Force est une dualité et elle devient un couple, de même que la Matière. Ainsi le mouvement est un couple de deux temps contraires de va + et de revient — ; la lumière est un couple de deux sortes de rayons lumineux + et obscurs — ; l'électricité est un couple de deux pôles con-traires positif + et négatif, et le Magnétisme, avec ses deux courants de sens contraires négatif — et positif +, n'échappe pas à cette loi ; si bien que tout est *Unité* dans l'Univers parce que tout y est couple ou *dualité*. Il est clair que le principe de divisibilité, qui appartient à l'Unité, doit aussi être commun à la Force[1].

Sans rentrer dans les détails que j'ai donnés

---

1. — Voir à la fin la note additionnelle 1.

de l'Unité dans « *Mécanisme* et *Dynamisme* », je la définis donc *une contradiction dynamique et mécanique*, ou *un couple bi-polaire, bi-facial et bi-latéral, de deux moitiés antagonistes, équivalentes et reversibles, dont l'une est positive + et l'autre négative — en vue de création*, c'est-à-dire *un principe contradictoire qui renferme en lui celui de la pluralité.*

Quelle est alors la *fonction* de l'Unité ?

— *L'accouplement de ses deux moitiés* (facteurs) *qui s'unissent et se désunissent alternativement pour produire un effet dit de Création.*

Quel est enfin *le but* de l'Unité ?

— *La répétition de son double principe*, c'est-à-dire s *multiplication ou création.*

§ 2. — MÉCANISME DE L'ACTE CONJUGAL
LA LOI DE CRÉATION.

FONCTION DE L'UNITÉ. — « Si tu veux con-« naître la nature des choses et pénétrer le « secret de l'Univers, disaient les philosophes « de la Grèce en leur précepte du γνῶθι σεαυτόν, « apprends d'abord à te connaître. » Ces philosophes étaient des sages dont nous serions coupables de ne pas suivre les conseils. C'est donc apprendre à se connaître et pénétrer le secret de l'Univers que d'analyser le plus saint de nos actes, celui de l'acte conjugal auquel nous devons la vie. Par lui, nous comprendrons en effet le mécanisme fonctionnel et le but de l'Unité ; par lui, nous pourrons aussi formuler la *loi de Création.*

Mettons alors en présence les deux facteurs masculin + et féminin − d'un couple humain, qui est le type le plus parfait des couples, et observons-les.

Ils se regardent, se parlent, se rapprochent, se caressent et bientôt ils s'étreignent dans une union de quelques instants après laquelle ils se désunissent et s'éloignent. Pourquoi cet antagonisme attractif et répulsif ? Que s'est-il donc passé ?

La Science, j'entends celle de la Physique, nous apprend que « les signes de nom contraire s'attirent et que ceux de même nom se repoussent », mais ses explications s'arrêtent là ; de la raison des phénomènes, elle ne nous dit rien. Quoi pas un mot ! Craint-elle donc de découvrir que les grandes lois de la Gravitation universelle s'encadrent aussi dans le principe d'unité ?

Hé bien, oui, cette fonction génératrice va nous l'apprendre.

Les deux facteurs s'attirent et s'unissent

pour se féconder ; ils se désunissent et se repoussent *pour laisser à l'effet le temps de se produire.*

L'analyse intime de l'acte conjugal va maintenant faire connaître le mécanisme de ce travail.

Qu'on veuille bien contempler sans effroi le couple engagé dans l'acte ; le tableau n'est pas banal et il est édifiant.

Le masculin positif s'actionne, il donne + ; le féminin négatif subit l'action, elle reçoit —. L'acte est déjà consommé et il y a *fécondation.* Les signes sont échangés et le mécanisme est inversé. En effet, le féminin devenu positif + s'actionne à créer, tandis que le masculin devenu négatif — attend maintenant, ne lui en déplaise, que l'effet se produise pour renouveler *efficacement avec sa compagne* (je souligne deux fois) l'acte utile de la fécondation. Or il y a des effets d'une seconde et d'autres de neuf mois... Enfin la *gestation* est à son terme et voici celui de la *parturition :* un enfant vient au monde et c'est la délivrance [1]. L'effet est produit, un troisième

---

[1]. — On comprend maintenant la raison du principe de divisibilité et comment l'unité se multiplie. La fécondation aboutit à une *segmentation* du mâle qui se multiplie par la conjugaison de son spermatozoaire + avec l'ovule —, tandis que la femelle se multiplie pendant la gestation pour se segmenter ensuite à la parturition ; si bien qu'on peut dire de la Création qu'elle est une opération qui

terme vient d'être créé et le but est atteint. La création ne va pas plus loin. Il y a maintenant *une famille,* unité de trois termes contraires, le *père,* la *mère* et le ou les *enfants.* Le mécanisme s'inverse alors et il ouvre la porte à de nouvelles créations, en appelant à lui le dynamisme fécondant : le masculin redevient actif +, le féminin redevient passif — et la création recommence.

Qu'est-ce à dire ?

Si l'unité était simple, sa répétition le serait aussi ; mais, puisque son principe est celui de la dualité, il faut nécessairement que la répétition soit double. Or je prie de réfléchir que l'être qui vient de naître ne représente, s'il est garçon +, que la moitié du principe de ce couple masculin + et féminin —, et qu'il faut maintenant la naissance d'une fille — (c'est-à-dire l'autre demi-onde) pour parfaire l'unité dans son double principe. De là, la nécessité de deux actes successifs, l'un droit + et l'autre gauche —.

L'objet réclame quelques développements.

Il est d'abord très caractéristique que les organes sexuels soient toujours par paires, aussi

divise — pour multiplier + et qui multiplie + pour diviser —.

On voit aussi que l'acte de création a les trois termes contraires de la *fécondation,* de la *gestation* et de la *parturition* qui consacrent son unité.

bien chez le masculin qui a deux testicules que chez le féminin qui a deux ovaires ; mais la manière dont ils s'accouplent n'est pas moins remarquable. En effet, les deux sexes s'opposent face à face, c'est-à-dire contradictoirement, testicule droit contre ovaire gauche et ovaire droit contre testicule gauche : ils sont en antagonisme.

Qui n'a déjà saisi la raison de cet antagonisme ?

Des expériences faites sur la polarité de l'homme et de la femme, et enregistrées par le magnétomètre, ont démontré qu'une moitié de leur corps était toujours positive + pendant que l'autre était négative —. Il est donc bien facile de comprendre que l'orientation face à face croise tous leurs organes et contrarie leurs signes qui s'attirent et s'échangent pendant l'accouplement. Sans cette contrariété dynamique, il y aurait répulsion par suite de la similitude des signes, et annulation dynamique par interférence des forces.

La première conséquence de ce jeu de chicane se résume en ces termes : *les spermatozoaires positifs + du testicule droit doivent se combiner avec les ovules négatifs — de l'ovaire gauche, tandis que les spermatozoaires négatifs*

— *du testicule gauche doivent au contraire se conjuguer avec les ovules positifs + de l'ovaire droit.*
Aussi est-ce grâce à ce chassé-croisé que *le menuet* peut se danser.

La pensée vient ensuite à l'esprit, et je la formule hardiment, que l'homme est une contradiction anatomique constituée par une moitié d'homme et par une moitié de femme, c'est-à-dire par un 1/2 noyau mâle + et un 1/2 noyau femelle —, tandis que la femme, sa contre-partie anatomique, a en elle les deux autres 1/2 noyaux complémentaires femelle — et mâle +, de telle sorte que c'est la juxtaposition croisée de ces quatre 1/2 noyaux qui fait du couple une unité dynamiqne *à répétition de principe*. Il suffit d'un coup d'œil jeté sur l'amande d'une noix, dont les deux moitiés et les quatre *cuisses* sont couplées par le milieu, pour avoir une juste idée de la circulation croisée des courants dans cet attelage à quatre.

Cette notion structurale permet d'expliquer sans difficulté l'*Asymétrie* de tous nos organes qui ont toujours un côté plus développé que l'autre, ce qui signifie clairement que l'un est le 1/2 noyau mâle et l'autre le 1/2 noyau femelle.

Puisque le mâle a toujours le rôle initial actif + dans l'acte de la génération et puisque l'unité est une dualité, il est clair que le mâle et la femelle doivent avoir l'un et l'autre deux manières d'être actif + et passif —, selon leur orientation gauche — ou droite +. Cette pro-position se démontre facilement par la mise en équation d'un couple humain suivie d'une seconde équation dans laquelle l'ordre des facteurs est interverti. On a ainsi la preuve que l'orientation dynamique est la véritable cause du déterminisme des sexes.

Soit un couple humain engagé dans l'acte conjugal, A étant le féminin passif — à gauche, et B étant le masculin actif + à droite.

Gauche   A = B   Droite

—   +

On voit de suite que ce système d'équation se réduit à une gauche — et à une droite + dont tous les organes sont couplés par paires et orientés en antagonisme : à gauche, deux yeux, deux mains, deux pieds ; autant à droite ; et, au foyer central, deux ovaires mirés par deux testicules.

B féconde A de droite à gauche — et A répond à B, neuf mois plus tard de gauche à droite +, en lui renvoyant un mâle +.

Inversons à présent l'ordre des facteurs pour

faire un gaucher de B qui était droitier, et une droitière de A qui était gauchère ; il est clair que cette inversion n'affecte en rien la valeur dynamique de l'espèce, puisque le couple est encore représenté par la même équivalence de ses deux genres contraires.

$$\text{gauche} \qquad B = A \qquad \text{droite}$$
$$- \qquad\qquad\qquad +$$

B féconde A de gauche à droite + et A riposte à B neuf mois plus tard de droite à gauche — en lui retournant une femelle —.

La loi est absolue : un miroir nous renvoie une image négative — à la place de la positive + que nous lui envoyons, et un second miroir fait d'une image négative — une image positive +.

Bref, il faut la combinaison d'un spermatozoaire droit avec un ovule gauche pour constituer un élément masculin +, et celle d'un spermatozoaire gauche avec un ovule droit pour constituer un élément féminin —, car chaque sexe renferme en lui le 1/2 noyau complémentaire de l'autre.

Cette conception n'établit pas seulement que les ovules et les spermatozoaires peuvent être à tour de rôle lévogyres et dextrogyres ; elle signifie aussi que la sexualité d'un ovule fécondé dépend du sens de sa révolution pendant la gestation; je veux dire par ces mots qu'il emprunte à sa marche initiale dans les eaux amniotiques sa forme, son visage, sa voix et tous ces caractères *somatiques* qui sont distinctifs du mâle et de la femelle.

C'est cette double génération par 1/2 ondes d'un mâle + alternant avec une femelle — dans les naissances *uni-sexuées* qui constitue la répétition du principe de l'Unité et je la nomme *onde sexuelle*, *génitale* si on le préfère. La répétition indéfinie de cette onde forme les familles, les tribus, les peuples, les nations, et constitue la chaîne sans fin de l'humanité dont les anneaux sont comme autant d'octaves de races de couleur.

La constitution de cette chaîne est très remarquable.

Les vibrations se succèdent à l'aller, en alternant de gauche à droite ou de l'impair au pair pour se croiser en sens inverse au retour; elles forment ainsi, de trois en trois, des ondes qui sont la répétition du double principe mâle et femelle, conformément à la loi de Savart sur la marche des vibrations sonores longitudinales qui ont toujours un ventre entre deux nœuds

où un nœud entre deux ventres, de même que
les ondes lumineuses ont toujours leurs lames
blanches entre deux noires ou celles-ci entre
deux blanches (+ − +) (− + −).

Un exemple de signes dynamiques couplés
d'abord deux à deux (fig. 5), et couplés ensuite
par *lierces* avec leur répétition de principe (fig. 6),
fera bien comprendre les choses.

− +, − +, − +, − +, − +, − +, − +, − +, − +,

Fig. 5. — Chaîne de signes dynamiques couplés deux à deux.

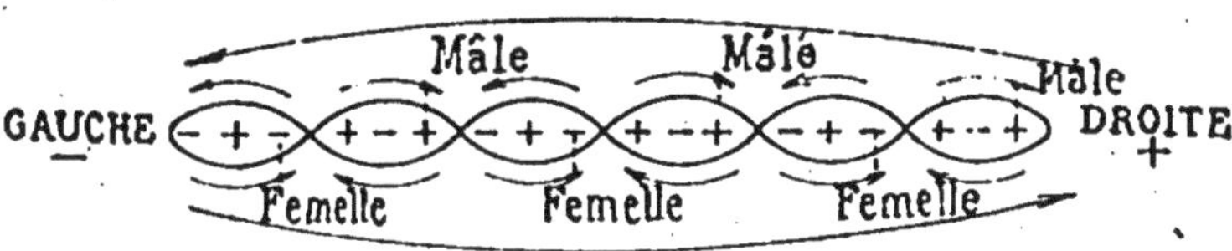

Fig. 6. — Les mêmes signes *tiercés* avec leur répétition de principe

On voit par les deux grandes flèches que le
courant aboutit au signe − à gauche ou au
signe + à droite, suivant le sens de son orientation. Mais on voit aussi que la première tierce
est une répétition du principe *femelle* −, la
seconde une répétition du principe *mâle* +, la
troisième une répétition du principe *femelle* −,
et ainsi de suite, ce qui est une démonstration
rigoureuse de *la loi d'alternance des sexes par 1/2
ondes successives*. C'est une chaine sans fin de

nœuds couplés, enlacés en huit de chiffres (∞)
par un aller et un retour du courant, de telle
sorte que l'intensité dynamique s'accroît en
raison du caractère de l'œuvre, de l'Espace et
du Temps. Il faut en effet réfléchir que les deux
signes + et −, considérés isolément sans leur
répétition de principe, sont un couple en équilibre stérile et que chaque répétition de leur
double principe (+ et −−) ramène le système à un
nouvel équilibre stérile dont l'amplitude vibratoire *double de la première* accroît nécessairement l'intensité dynamique et rend encore plus
impérieuse l'obligation de répéter le travail à
l'infini.

Le service de la Création est donc contradictoire, croisé, alternatif, orienté, rythmé
et périodique, et l'ensemble en est si parfait
qu'on constate par les statistiques que les naissances mâles s'équilibrent avec les naissances
femelles.

Fort bien, dira-t-on, pour les naissances
uni-sexuées; mais comment expliquer les naissances *bi-sexuées* ?

— De la façon la plus simple. En effet, il
est parfaitement connu que la rosée spermati-
que est multi-vibrionnaire ; elle peut donc
féconder à la fois plusieurs ovules du même

ovaire. Or il est évident que la fécondation multiple fera naître plusieurs jumeaux mâles lorsqu'elle s'accomplira dans l'ovaire gauche, et, au contraire, plusieurs jumeaux femelles lorsqu'elle aura lieu dans l'ovaire droit.

Enfin, j'explique de même très simplement les naissances *bi-sexuées panachées* par la répétition de deux actes rapprochés dont les pluies testiculaires vont arroser successivement les deux ovaires gauche et droit.

J'ai trop parlé de la sympathie des contraires dans cette question des naissances pour ne pas avoir le droit de dire un mot de l'antipathie des semblables. Faut-il chercher dans cette loi une des causes inconnues, la principale peut-être, de la stérilité? C'est mon avis, non qu'il faille mettre en doute les vices d'anatomie congénitale, mais parce qu'il est certain qu'un ovule gaucher — doit toujours repousser les avances d'un prétendant chargé du même signe que lui. Or rien ne prouve jusqu'ici que les facteurs génitaux ne s'opposent pas parfois gauchers — contre gauchers — ou droitiers + contre droitiers +.

Tel est dans son ensemble cet acte merveilleux de la Création. Le principe qui le domine est contradictoire ; chaque facteur y joue à contre-sens de l'autre [1] : le mâle vibre du dehors au dedans pour commencer le travail, et la femelle vibre du dedans au dehors pour l'achever. Chacun d'eux est tour à tour *émetteur* et *recepteur*, et c'est ainsi que peuvent se faire l'entrée du germe et la sortie du fruit. L'orientation dynamique commande au sens de la révolution et au déterminisme du sexe.

Il crée et elle reçoit, elle crée et il reçoit ! Quoi de plus admirable que cette alternance de rôles avec échange de signes ! Quoi de plus sublime dans sa simplicité que ce jeu fonctionnel d'inversion qui explique à lui seul toute la Création et qui tient dans cet axiome : *le positif va + et revient —, le négatif va — et revient +* !

La loi de Création peut se formuler en trois articles et je l'exprime ainsi.

Qu'il soit physiologique, mathématique ou autre, un acte de création exige, l'analyse le démontre :

1º la collaboration d'un facteur positif + et d'un facteur négatif — ou *antagonisme sexuel ;*

2º l'inversion du mécanisme fonctionnel, c'est-à-dire leur changement de signes ou *inversion fonctionnelle ;*

---

1. — Voir à la fin la note additionnelle 7.

3º l'alternance de leur jeu dynamique ou *alternance dynamique*.

Si l'une de ces conditions n'est pas remplie, la création n'a pas lieu et il y a stérilité. Or la stérilité n'est pas un but, elle serait l'anéantissement de nous-mêmes ; au contraire, l'Unité a un but *positif* + qui est celui de créer : la Création est une *affirmation* +.

Sans m'éloigner de mon sujet mais à propos de cet acte, je demande à établir ici un rapprochement. On a fait tant de comparaisons pour donner une explication mécanique des phénomènes électriques et les assimiler aux phénomènes optiques que je peux bien me permettre d'en faire une à mon tour.

On a dit, par exemple, qu'il fallait dépenser du travail mécanique pour charger un condensateur ou pour remplir d'eau un réservoir, mais que cette énergie dépensée n'était pas perdue parce qu'elle était simplement emmagasinée à l'état *potentiel* dans le condensateur et dans le réservoir qui pouvaient ensuite la restituer, soit sous la forme de chaleur, soit sous celle de travail mécanique, par un courant de décharge du condensateur et par un robinet du réservoir. Or je vais établir un parallélisme aussi complet, en disant qu'un condensateur, un réservoir ou bien un féminin, chargé dans l'acte conjugal d'un *potentiel* qu'il restitue au terme de neuf mois, représentent un travail mécanique analogue. Il y a reversibilité de l'énergie dans chacun de ces trois actes, et c'est précisément, je le répète, ce travail de reversibilité, complémentaire du premier, qui assure le renouvellement de l'action et la perpétuité du mouvement vital, c'est-à-dire, en langage scientifique, *la conservation de l'énergie.*

Cependant, dans une étude qui s'érige en système et qui prétend ramener à l'Unité le mécanisme fonctionnel de la Création, il ne faut pas d'équivoque ; tous les témoignages doivent s'accorder. Ou le système s'applique à tout et il devient une loi parce qu'il est bon ; ou bien il y a des exceptions, et il faut le rejeter parce qu'il ne vaut rien. Je viens de faire connaître le mécanisme *sexuel* de l'acte conjugal, je vais maintenant analyser le mécanisme *manuel* d'une partie de billard ; cette étude mécanique sera elle-même suivie de celles de nos principaux organes, et on ne sera peut-être pas moins surpris que moi de constater, chemin faisant, que Fresnel et Savart ont manqué l'occasion de généraliser, que dis-je ! d'universaliser leurs découvertes sur les vibrations de la Lumière et du Son.

CHAPITRE III

---

§ I. — Mécanisme d'un Acte manuel et récréatif

Je me couple donc en unité avec un autre joueur pour faire une partie de billard; chacun de nous jouant tour à tour sur la bille pour en obtenir un effet. Mon adversaire joue le premier et a le rôle actif + pendant que je l'observe à l'état passif —; tout le contraire a lieu lorsque je joue : il m'observe à l'état passif — pendant que je deviens actif +. Nous échangeons donc mutuellement nos signes, en alternant de fonction, et l'acte peut ainsi s'accomplir.

Suivons maintenant la bille pendant que je joue sur elle. Elle et moi formons un couple dont elle est le négatif — et moi le positif +. J'avance les deux bras et les deux mains, l'une tenant la queue et l'autre la soutenant ; je frappe alors la bille, en percevant aussitôt la sensation d'un *choc en retour*, et je retire vivement mes deux mains pour attendre au repos que l'effet se produise. Sous l'influence de mon mouvement qui va + et revient — en elle d'un axe à l'autre en tous sens, grâce aux mille rayons égaux qui font sa sphéricité, la bille part, roule et va produire son effet.

Analysons ce qui vient de se passer.

Ma combinaison avec la bille détermine entre elle et moi un échange de signes avec alternance de rôles. D'actif + je deviens passif —, et de passive — elle devient active +. Je lui cède du mouvement, elle me renvoie du repos. Parti de moi, le mouvement se réfléchit donc en moi pour fermer le courant à son point de départ, et c'est grâce à ce double jeu d'aller et de retour en sens inverse que l'effet se produit et que le même travail peut ensuite se répéter. Chaque nouvelle secousse de mon bras à la bille me vaut un retentissement de mouvement réfléchi accompagné d'un nouvel échange de signes avec pauses de repos, et c'est ainsi que mes coups se succèdent les uns aux autres, en alternant avec ceux de mon adversaire à la manière d'une conversation croisée entre deux personnes.

Une question se pose alors, celle de savoir

dans quel bras se fait la réflexion du mouve;
ment : repasse-t-il par le même bras ou revient-il
par l'autre ? Il n'y a pas d'erreur, nous avons
dans chacun de nos deux bras des muscles
extenseurs qui conduisent le mouvement et
d'autres adducteurs qui le ramènent ; le mouvement de retour peut donc se faire dans chaque
bras par les adducteurs du même bras. Mais,
comme il y a toujours deux manières d'interpréter les choses, et puisque la Nature a couplé
nos deux bras en une grande unité pour agir en
communauté de fonction, je trouve aussi simple
et plus vrai de répondre que le mouvement se
réfléchit dans mon bras gauche si je suis droitier. En effet, ma main gauche repose sur le
billard pour soutenir la queue que je dirige de
la main droite, et elle ferme le courant. Parti
de mon cerveau, le mouvement va donc à la
bille par mon bras droit pour revenir ensuite par
mon bras gauche à son point de départ, tandis
que le mouvement parti par le bras gauche
pour soutenir la queue revient en sens inverse
par le bras droit. Bref, le mouvement se croise.
La loi est absolue : qui part de droite va à
gauche et qui vient de gauche va à droite.

Il est bien évident que les échanges de la bille
avec les autres billes et les bandes de billard

s'expliquent de la même façon, mais je ne m'étends pas sur ce détail pour ne pas compliquer la démonstration et pour laisser à la curiosité du lecteur une petite distraction.

Que je dise de la bille qu'elle échange son repos — avec le mouvement + de mon bras, ou bien qu'elle-même emprunte au tapis du billard, en communication avec le sol, le signe magnétique — de la Terre pour l'échanger ensuite avec le mien, il n'importe : c'est cette combinaison d'un positif + avec un négatif — et d'un négatif — avec un positif + qui constitue les vibrations de l'onde et la production de l'effet.

Le mouvement, qui met en relation mon bras avec la bille, la fait rouler en avant et sur elle-même. Je représente ce travail par la figure ci-contre (fig. 7).

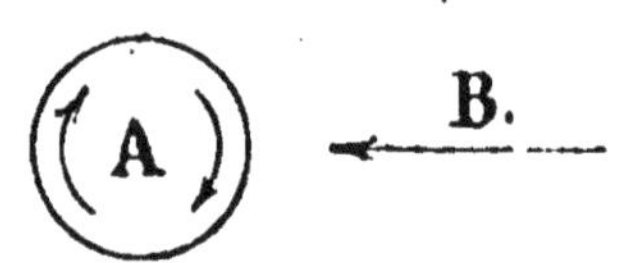

Fig. 7.

A, la bille avec 2 flèches indicatrices de ses vibrations intestines.
B, flèche substituée au bras et indicatrice de la direction du mouvement.

Elle démontre qu'il faut toujours trois flèches contraires pour représenter l'unité d'un mouvement[1] et que le travail s'accomplit toujours dans un plan perpendiculaire à celui

---

1. — Voir les trois sortes de mouvement dans « *L'Amour dans l'Univers* ».

4.

de la direction, conformément à la loi de Fresnel, qui est universelle [1].

Mais on peut aussi représenter ce travail par un couple de deux cercles reliés en forme de *huit de chiffre*, qui est la figure de l'unisson ou accord parfait et qui est aussi une solution graphique du problème de l'action égale à la réaction (fig. 8).

Cette figure d'une *onde dynamique* démontre en effet :

— l'égalité du travail positif + et du travail négatif —, ainsi que la manière dont ce travail s'accomplit ;

— l'égalité de l'attraction et de la répulsion,

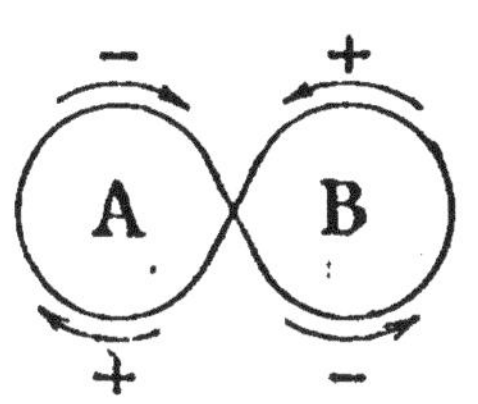

Fig. 8. — Bille et bras couplés.
A, la bille.
B, le bras.

Le mouvement va du bras à la bille ou de droite à gauche pour revenir en sens contraire de la bille au bras.

La flèche supérieure de B et celle inférieure de A représentent l'*aller* + du mouvement ; les deux autres représentent le *retour* — du mouvement qui est toujours contraire dans les trois dimensions de l'Espace.

Les signes dynamiques sont couplés en unité — +, + —, de quelque côté qu'on les regarde.

---

1. — En voici deux exemples :

— Quand nous laissons tomber une pierre dans l'eau ↓, elle produit à la surface des ondes transversales ← →, qui se répètent de couche en couche à mesure que la pierre gagne le fond ; c'est-à-dire que la densité et la résistance de l'eau réfractent le mouvement qui, de vertical, devient transversal. La pierre et l'eau sont un couple dynamique puisque deux flèches vont l'une vers l'autre tandis que les deux autres s'éloignent.

Il y a maintenant autre chose.

L'onde dont je viens de donner la figure n'est qu'une demi-onde, c'est-à-dire la moitié d'un acte. En effet, elle ne représente que mon jeu, non celui de l'adversaire qui fait la seconde moitié de notre partie. Or, son mouvement doit s'exécuter en sens inverse du mien, c'est-à-dire de gauche à droite puisque j'ai joué de droite à gauche.

Il suffit alors d'intervertir l'ordre des facteurs pour avoir la figure suivante (fig. 9) qui représente la seconde manière d'être positif + et négatif —.

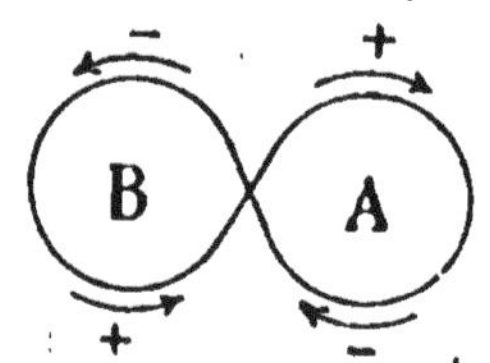

Fig. 9. — Bras et bille couplés.
B, bras de l'adversaire.
A, la bille.
B joue maintenant sur la bille de gauche à droite.

positif + et négatif —, dont le premier vibre en long et le second en large.

— La science nous a dit qu'on peut développer de la chaleur par le choc en frappant, par exemple, une barre de fer à coups de marteau. Elle aurait pu ajouter qu'un forgeron et sa barre de fer sont un couple mâle et femelle dont les vibrations sont de sens inverse, et expliquer que le forgeron transforme les vibrations *verticales* de sa force en vibrations *transversales* de chaleur, puisque la barre de fer s'allonge et s'élargit sous les coups de son marteau.

Enfin, on peut encore *tiercer* les facteurs (fig. 10) à la manière de la chaîne de signes tiercés de la figure 6 qui donne lieu à la production d'un effet mâle ou d'un effet femelle suivant la marche gauche ou droite du courant dynamique.

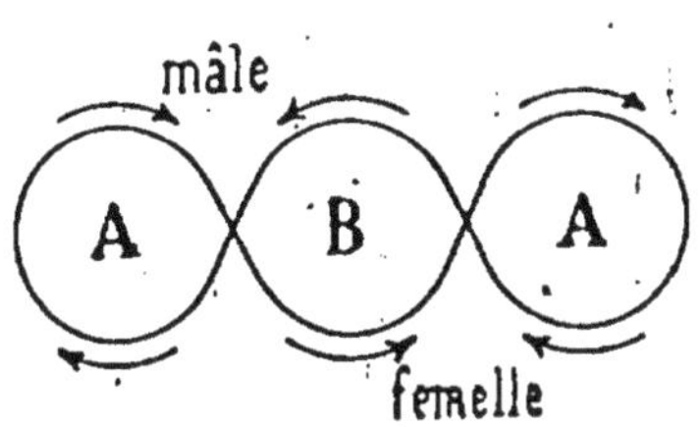

Fig. 10 — Bras et billes couplés.
A, bille de gauche.
B, le bras.
A, bille de droite.

Le bras joue alternativement sur la bille gauche et sur la bille droite; mais, quel que soit le côté, ses vibrations et l'onde qui en résulte engendrent toujours un effet contraire à celui qui précède ou à celui qui suit.

C'est ce double jeu alternatif et de sens inverse entre mon adversaire et moi qui assure l'unité de la partie; aussi convenons-nous ensemble qu'elle est finie et même bien gagnée.

Est-ce tout ? — Pas encore.

Ainsi que je l'ai dit plus haut, la conception de l'unité la veut grande et petite; petite, elle tient à grandir; grande, elle tend à décroître. C'est l'ordre naturel.

De même qu'un nouveau-né, qui demande à s'accroître par l'addition successive de nouveaux éléments, de même cette partie de billard en réclame de nouvelles, car elle n'est encore que la moitié plus petite et contraire, positive + ou négative —, d'une nouvelle partie qui doit la constituer en unité de grandeur supérieure. Elle n'est, en effet, que le *noyau* primitif d'un très grand type *récréatif*, et je vais expliquer comment la nécessité s'en impose.

J'ai perdu la partie, éprouvé des regrets et fait la joie de mon adversaire ; désormais, je n'aurai de repos qu'en la renouvelant avec lui qui brûle du même feu mais au rebours de moi, lui pour gagner encore et moi pour ne plus perdre. Cet amour nous pousse donc à multiplier les parties par des actes rythmés de 1/2 ondes successives qui constitueront des familles, des tribus, des peuples, des nations de parties et d'effets alternativement positifs + et négatifs — du *Monde récréatif*, c'est-à-dire toute une chaîne d'unités de grandeur supérieure analogue à la chaîne d'humanité dont j'ai parlé plus haut.

§ II. — MÉCANISME D'UN ACTE DE MARCHE OU DE LOCOMOTION

Le travail mécanique de la locomotion s'explique de la même façon.

L'homme qui marche forme avec le sol, sur lequel il s'appuie, un couple dynamique et mécanique dont il est le masculin positif +, au contraire du sol qui en est le féminin négatif —.

Il lève d'abord un pied, l'avance et l'abaisse sur le sol pour le relever ensuite, en opérant de même pour l'autre pied. Le travail est donc alternatif, et c'est la multiplication de ces pas gauches et droits qui constitue le mouvement vibratoire et rythmé de la locomotion. C'est le même travail mécanique que celui de l'acte conjugal avec cette distinction que les *pas* ou effets mâles et femelles sont engendrés par des ondes plus courtes et plus multipliées. Un homme en marche est un multiplicateur dynamique qui alterne le rythme de ses pieds avec le balancement croisé de ses deux mains.

Il y a deux manières d'expliquer le phénomène. Ainsi on peut dire :

1° Que chaque pression du pied contre le sol inverse sa force musculaire qui s'en retourne dans le muscle fléchisseur pour remonter le pied, et ainsi de suite pour l'autre pied.

La logique exige que, de deux forces contraires, l'une *allonge* si l'autre *raccourcit*. Or les faits le démontrent car l'extenseur s'allonge et s'amincit (fig. 11), tandis que le fléchisseur se raccourcit et se grossit (fig. 12). L'extenseur vibre en long dans la verticale pour se rétrécir dans l'horizontale ; au contraire, le fléchisseur vibre en large dans l'horizontale pour se raccourcir dans la verticale. Je dis, pour préciser, qu'une des forces est *électrique* et *allonge*, tandis que l'autre est *magnétique* et *élargit*.

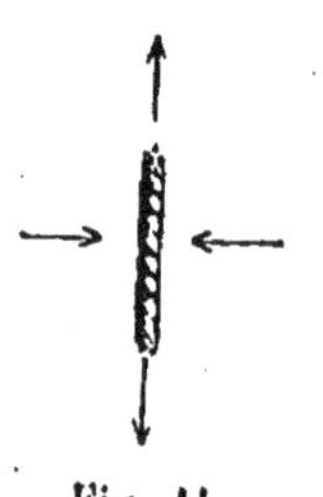

Fig. 11.
Extenseur
qui s'allonge et
s'amincit.
Force verticale
ou électrique.

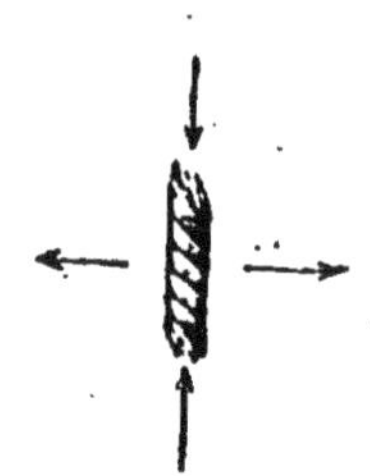

Fig. 12.
Fléchisseur
qui se raccourcit
et s'élargit.
Force horizontale
ou magnétique.

2° Ou bien que chaque pied *combine* à chaque pas sa force musculaire + avec celle magnétique — du sol qui remonte ensuite le pied, après l'échange des signes.

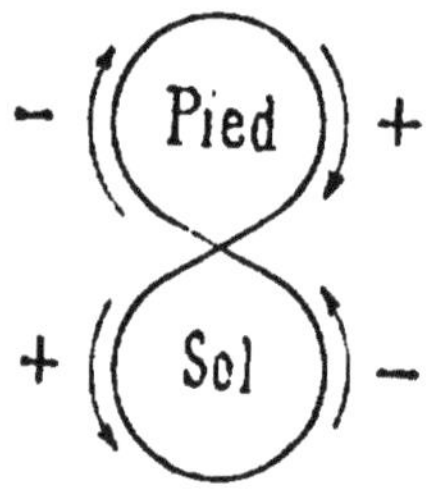

Je représente cette seconde interprétation dans la figure ci-dessus (fig. 13), qui est celle d'une *onde loco-motrice*.

Fig. 13. — Travail du Pied droit. L'inversion de cette figure donnerait le travail du pied gauche.

Quand un pied s'abaisse sur le sol, sa force musculaire amenée par son extenseur se croise pour l'échange des signes avec celle du sol, et s'en retourne ensuite par le fléchisseur de l'autre pied qu'elle remonte. C'est tout le contraire pour celui-ci lorsqu'il s'abaisse et se relève.

Il en résulte que nos deux pieds gauche et droit sont comme deux individualités négative — et positive + couplées contradictoirement en communauté de fonction pour travailler à tour de rôle dans le même sens du chemin.

CHAPITRE IV

MÉCANISME PULMONAIRE
OU D'UN ACTE DE RESPIRATION

Voici maintenant l'analyse de l'acte physio·
logique de la respiration dont le fonctionnement
invisible exige plus de développements.

Je constate tout d'abord qu'un être qui
respire est couplé contradictoirement avec l'air
qui le fait vivre, c'est-à-dire qu'*ils se font face
l'un à l'autre* et qu'il y a ainsi antagonisme entre
eux. L'air est le *Dynanisme* + qui met en jeu ;
l'appareil respiratoire est le *Mécanisme* − à
mettre en jeu et chacun d'eux vise l'autre en
sens contraire. L'unité mathématique se trouve
donc régulièrement constituée par un *facteur
positif* + et par un *facteur négatif* − couplés face
à face en communauté de fonction de sorte que
la lutte pour la vie peut s'établir entre eux.

J'observe ensuite, en étudiant leur jeu, que
l'air entre dans l'appareil respiratoire par un

premier temps d'aller + l'*inspiration*, qu'il en sort par un second temps de retour — l'*expiration*, et que c'est l'ensemble de ces deux termes couplés contraires qui constitue le mouvement ou *acte de respiration*. L'inspiration + introduit de l'air respirable et vivifiant + dans l'appareil respiratoire qui retourne, par l'expiration —, de l'air irrespirable et asphyxiant —. Les phénomènes observés dans le travail dynamique sont donc bien en rapport avec le caractère propre à chaque demi-onde.

Comment s'établit la lutte et comment se font les échanges ?

— L'air positif + s'introduit par les voies respiratoires dans le larynx, d'où il gagne le poumon négatif — qu'il dynamise en échangeant avec lui son signe ; de négatif — devenu ainsi positif +, le poumon se gonfle et se dégonfle pour expirer l'air négatif —; enfin une pause de silence, quelle que soit sa durée, précède le renouvellement de l'acte qui suit, en laissant à l'effet le temps de se produire, et la création recommence.

Si nous n'avions qu'un poumon, ou bien même si nos deux poumons étaient de même signe, tout serait dit ici; mais on a vu que l'homme est bi-polaire, de sorte qu'il faut néces-

sairement que l'un de ses poumons ait le signe
négatif — et que l'autre est le signe positif +.
Or comment concilier ces deux signes contraires — et + avec l'unique signe positif +
de l'Air? Quoi! nous faut-il à présent croire
aussi que le Ciel a sa gauche — et sa droite +,
ainsi que l'écrivait jadis Aristote qui n'avait
pas attendu que la Science de nos jours,
plus réservée dans ses jugements, eut officiellement constaté que certains corps de la nature
ont des propriétés lévogyres et dextrogyres?
Est-il possible que l'Atmosphère d'en face diffère de celle d'arrière ? Serait-il vrai que l'air
respiré à gauche ou bien à droite n'eut pas
les mêmes vertus...? Hé bien oui l'air est lévogyre — et dextrogyre +; bien plus, il est
composé d'Azote négatif — et d'Oxygène positif +. L'air a une constitution chimique et
une structure physique, anatomique ; c'est
un être organisé qui a un corps, une énergie
vitale et qui est bi-polaire. Que dis-je! Il est
bi-sexué, testiculaire à droite et à gauche
ovarien, ou bien ovarien à droite et testiculaire à gauche ! L'air a deux démi - noyaux
mâle et femelle, et il est hermaphrodite ! Le
Dynamisme à un double organisme qui s'oppose au double Mécanisme! Voilà les faits, et

tout va pouvoir s'expliquer sans difficulté [1].

L'air positif + de droite va vers le poumon gauche — et l'air négatif —' de gauche va vers le poumon droit +, en sorte que leurs échanges de signes s'opèrent tout naturellement et que le

---

[1]. — Il est maintenant bien facile de comprendre que deux époux respirent à contre-sens l'un de l'autre dans leur antagonisme facial de l'acte conjugal ; l'un aspire l'air de gauche à droite et l'autre de droite à gauche, de telle sorte que l'un emprunte les signes dynamiques de l'azote négatif — et de l'oxygène positif +, tandis que l'autre se charge des signes dynamiques de l'oxygène positif + et de l'azote négatif —. En d'autres termes, l'air est lévogyre et ovarien pour l'un, dextrogyre et testiculaire pour l'autre. On saisit bien l'importance de cet antagonisme crucial pour les éléments génitaux qui ont ainsi des charges dynamiques de signes contraires. Il ne faudrait pourtant pas croire qu'il peut suffire d'une inversion volontaire à droite ou à gauche pour obtenir un sexe plutôt qu'un autre ; la Nature a pris ses précau-tions pour maintenir constamment l'équilibre des sexes : elle inverse elle-même à chaque instant les signes dyna-miques de l'Air dans l'Espace et dans le Temps, c'est-à-dire suivant les hémisphères terrestres et les heures du jour et de la nuit. On conçoit alors quelle science d'observation et quels artifices il faut à la sagacité de l'homme, d'ordinaire si léger, pour déjouer les plans de la Nature.

Enfin il résulte de cet antagonisme facial que, si nous aspirons l'azote — et l'oxygène + lorsque nous sommes de face, nous respirons au contraire l'oxygène + et l'azote — en faisant volte face, de sorte que nous sommes tous les jours à notre insu gauchers et droitiers ou droitiers et gauchers dans tous nos organes et dans toutes nos fonctions.

gonflement des poumons est une véritable *grossesse pulmonaire* assimilable en tous points à une grossesse féminine. J'y reviendrai plus loin.

Une question capitale, celle de l'alternance pulmonaire, se pose alors ici. Puisque notre appareil pulmonaire est double, l'air entre-t-il simultanément dans les deux poumons ou bien successivement dans chacun des deux poumons ? La réponse n'est pas douteuse : l'air alterne d'un poumon à l'autre pour revenir en sens inverse, de telle sorte que les deux poumons sont à tour de rôle l'un positif + et négatif —, l'autre négatif — et positif +, et ainsi de suite ; en un mot leur combinaison est cruciale.

Le raisonnement et les faits confirment cette manière de voir.

Il faut de toute nécessité que les deux poumons alternent dans leur travail et que l'un s'emplisse pendant que l'autre se vide, car, s'ils se gonflaient en même temps, il y aurait à un moment équilibre de pression dans les deux côtés, c'est-à-dire un repos à la place d'un mouvement, ainsi qu'on l'observe dans l'équilibre des deux plateaux d'une balance également chargés, et la vie se trouverait momentanément suspendue. Or il n'y a que le balancement pendulaire qui puisse assurer la continuité du travail. D'autre part, s'ils se gonflaient en même temps, ils se géneraient mutuellement dans leur expansion. Un poumon expire donc pendant que l'autre aspire, puis celui-ci expire pendant que l'autre aspire, en sorte qu'il y a alternance du travail et du repos, et ainsi de suite.

D'autre part, Claude Bernard a constaté que la température du sang, qui se trouvait dans la cavité droite +, était plus élevée que celle du sang de la cavité gauche —. Cette constatation suffirait encore à elle seule pour démontrer l'alternance, car, s'il en était autrement, il y aurait égalité de température dans les deux cavités pulmonaires, ce qui n'est pas. Cette expérience établit donc que les deux poumons fonctionnent à tour de rôle, en engendrant des phénomènes thermiques qui varient avec le côté, de même que le mouvement de la Terre engendre l'alternance des saisons avec leurs variations thermiques dans chacun des deux hémisphères.

Enfin, il faut réfléchir que les maladies de nos deux poumons ne sont pas isochrones, c'est-à-dire qu'elles alternent et varient avec les côtés: ainsi des pneumonies simples peuvent précéder ou suivre des pneumonies doubles, et des pneumonies simples peuvent aussi éclater tantôt du côté gauche, tantôt du côté droit. Or il est évident que la maladie affecterait l'appareil pulmonaire entier et non une moitié d'appareil, si les deux poumons n'avaient pas chacun leur indépendance fonctionnelle. Le fait même que l'un se porte bien pendant que l'autre est malade en témoigne suffisamment.

Il convient d'ailleurs d'établir une distinction dans la comparaison qu'on a faite du jeu de nos poumons avec celui d'un soufflet.

On sait que l'industrie emploie deux sortes de soufflet, l'un simple et à un vent, qui est le soufflet vulgaire ; l'autre, composé de deux soufflets, qui est à deux vents. Notre appareil pulmonaire étant double, il en résulte que nos deux poumons sont *un soufflet à deux vents et à jet continu*, tandis que le soufflet vulgaire n'est qu'*à un vent et à jet intermittent*. Un seul poumon ne pourrait fournir qu'un travail interrompu : au contraire, deux poumons couplés en communauté de fonction peuvent faire un service ondulatoire régulier. La distinction est importante car, entre un seul poumon et notre appareil de deux poumons ou entre un soufflet à un vent et un soufflet composé à deux vents, il y a toute la différence du petit — au grand + : un seul poumon et un soufflet simple engendrent de *petites vibrations suivies de grands intervalles*, tandis qu'un appareil de deux poumons et un soufflet à deux vents engendrent de *grandes vibrations suivies de petits intervalles.*

En résumé, le fonctionnement de nos deux poumons est alternatif et rythmé comme celui des organes sexuels dans l'acte conjugal ou celui des deux pieds dans l'acte de la marche; chaque poumon soulève à tour de rôle la cage thoracique pour faire l'un son ampliation et sa dépression droites +, l'autre son ampliation et sa dépression gauches —; et c'est l'ensemble de ces deux soulèvements respiratoires mâle + et femelle —, complémentaires l'un de l'autre, dont je fais une espèce à deux genres contraires sous le nom *d'onde respiratoire,* laquelle suivie d'un nombre incalculable de nouvelles ondes semblablement contraires constitue l'unité de notre rythme vital. On peut se représenter ces ondes selon la figure des ondes précédentes.

J'ai à revenir sur une comparaison que j'ai faite un peu plus haut et qu'on pourrait prendre pour une métaphore si je n'en précisais le caractère.

J'ai assimilé la *grossesse pulmonaire* à une *grossesse féminine;* et on a pu, chemin faisant, constater l'analogie des divers phénomènes :

même antagonisme des facteurs, mêmes échanges de signes, mêmes alternances de rôles,
mêmes dilatations et contractions finales pour
expulser l'air; rien n'y manque dans les détails
comme dans l'ensemble. En est-il de même au
point de vue anatomique? Quelle analogie structurale peut-il y avoir anatomiquement entre
un appareil génital et un appareil pulmonaire?

Elle est, je le dis de suite, beaucoup plus
grande qu'on ne pense. Aussi bien pourquoi ne
pas nommer ces organes et ne pas en tracer le
portrait?

Le larynx est un appareil matricial pour la
réception de l'air fécondant: la cage thoracique
est le sac abdominal ou péritonéal qui renferme
les deux poumons, et ceux-ci avec leurs tapis de
fibres laminaires sont les deux ovaires.

L'air atmosphérique est l'agent testiculaire
qui se glisse par le larynx jusque dans les poumons et ceux-ci se grossissent pour l'expulser
à terme grâce au rythme de leurs contractions
alternantes.

En voici les figures. La première (fig. 14)
représente l'appareil génital laryngien avec les
deux poumons, ses annexes; la seconde (fig. 15)
représente l'appareil génital matricial avec les
deux ovaires, ses annexes.

Je prie de remarquer l'inversion anatomique
et contradictoire de ces deux appareils qui sont
construits l'un au-dessus de l'autre et à l'envers

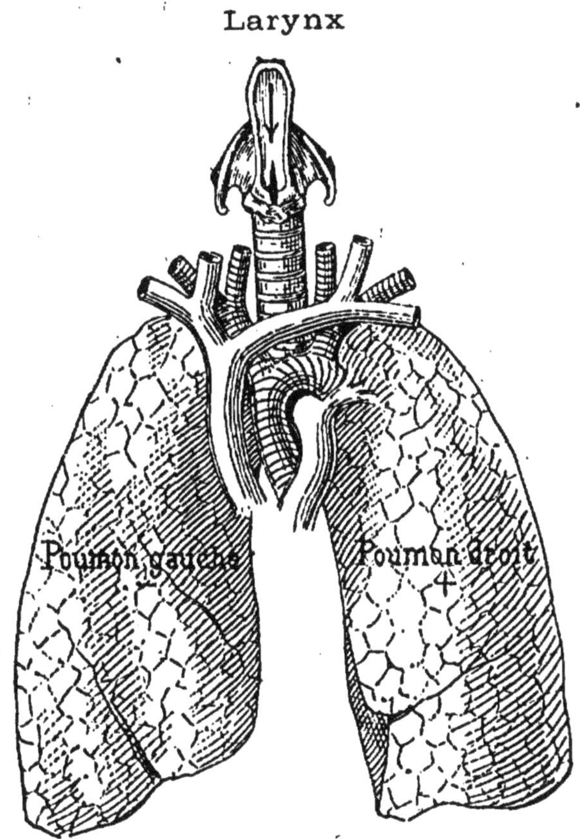

Fig. 11. — Appareil génital laryngien avec ses deux poumons
pour la fécondation par un agent gazeux.
Le larynx est ouvert. Une flèche dirigée de haut en bas marque le sens
du courant d'aller.

de l'autre dans notre organisme. De plus, on
doit réfléchir que la fécondation des poumons
se fait par l'air, *agent gazeux*, tandis que la

fécondation des ovaires s'opère par une *sécrétion liquide*. Or, il importe qu'on tienne compte
de cette différence d'état pour la justesse de la
comparaison.

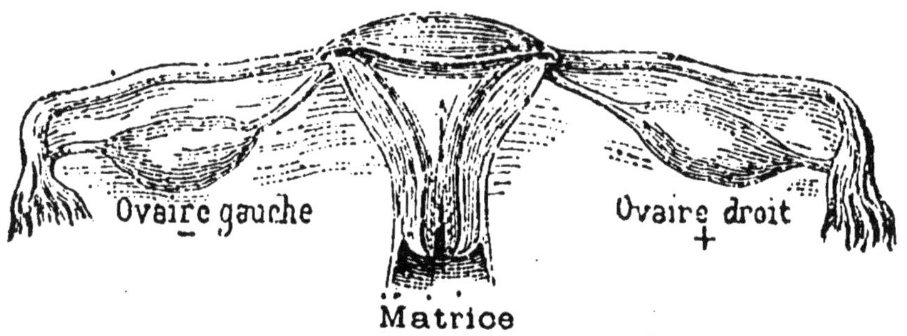

Fig. 15. — Appareil génital matricial avec ses deux ovaires pour la fécondation
par une sécrétion liquide.
La figure est en coupe. Une flèche dirigée de bas en haut marque le sens du courant d'aller.

Similitudes dynamique, mécanique, anatomique ! Est-ce assez éloquent ?

J'ai dû m'étendre beaucoup sur l'acte pulmonaire parce que mon système est en contradiction absolue avec les doctrines médicales. La
même divergence de vues va exiger de non
moins longs développements sur notre mécanisme cardiaque qui a été l'objet de travaux
considérables par des hommes éminents dont
les théories semblent inattaquables.

CHAPITRE V

MÉCANISME CARDIAQUE
OU MÉCANISME
D'UN ACTE DE CIRCULATION SANGUINE

On lit dans tous les ouvrages de médecine et on enseigne dans tous les cours que les cavités cardiaques de *même nom* se contractent en même temps, c'est-à-dire que le mouvement des deux ventricules (ceux-ci pris comme exemple) est isochrone. Il en résulte donc que ce jeu est celui d'un corps de pompe à fonction simple et *à jets intermittents*. Or l'expérience démontre que l'écoulement du sang *n'est pas intermittent*.

D'où vient alors cette contradiction entre les faits et les lois de la Physique ?

D'autre part, le cœur est un organe double et composé qu'on ne peut pas assimiler à un seul corps de pompe à fonction simple. En effet, le cœur est constitué par deux moitiés jumelles, gauche et droite, accouplées l'une à l'autre en communauté de fonction, qui sont entièrement assimilables à deux pompes jumelles pareillement accouplées l'une à l'autre en communauté de fonction. Il doit donc fonctionner à la manière de celles-ci dont les mouvements sont connus : *ils sont composés, alternatifs, de sens contraire, et leur écoulement est continu. Or l'observation prouve que l'écoulement du sang est précisément continu.*

Ici, les faits sont donc d'accord avec les lois de la physique. Où est alors la vérité ?

De deux choses l'une : ou bien les deux ventricules jumeaux se contractent *en même temps dans le même sens,* et l'écoulement du sang est *intermittent ;* ou bien les deux ventricules jumeaux se contractent *alternativement en sens contraire,* et l'écoulement ment du sang est *à jet continu.*

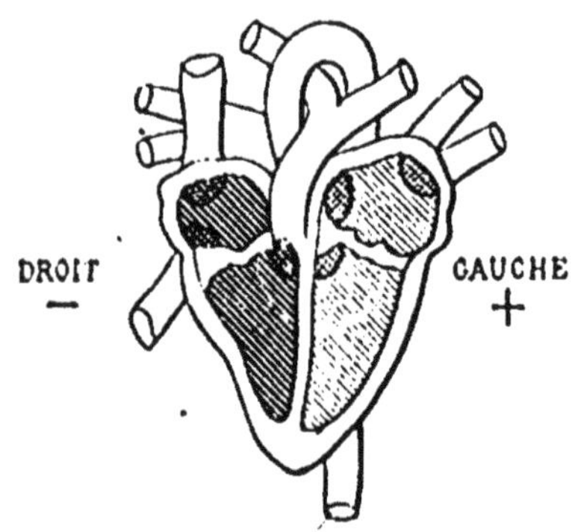

Fig. 16. — Cœur vu de face. Les mots gauche et droit indiquent les deux cœurs. Les signes — et + qualifient les deux cœurs.

Étudions les choses d'un peu près, en examinant la figure du cœur (fig. 16).

Je remarque d'abord, contrairement à la théorie, que les ventricules *ne sont pas de même nom* car l'un se nomme *gauche* et l'autre s'appelle *droit*; ni de même signe, puisque l'un est *positif* + ou *actif* et l'autre *négatif* — ou *passif*.

J'observe ensuite qu'ils n'ont pas la même forme, ni la même largeur, ni la même hauteur, ni la même épaisseur, ni la même capacité, ni la même température, ni la même force musculaire pour chasser le sang ou résister à sa pression, ni le même sang, car l'un est artériel et l'autre veineux, ni la même couleur de sang puisqu'elle est noire dans celui-ci et rouge dans celui-là, ni les mêmes fonctions puisque l'un chasse le sang de gauche à droite et l'autre de droite à gauche, et ainsi de suite.

Bref, figures, caractères, tempéraments, fonctions et jusqu'à leur sexualité, aussi bien à l'état de santé qu'à celui de maladie, tout est dissemblable en eux. Comment les mouvements eux-mêmes ne le seraient-ils pas ?

De nombreux travaux ont été faits pour mettre d'accord l'écoulement sanguin continu avec l'intermittence reconnue aux mouvements du cœur, et des expériences de cardiographie ont été instituées pour démontrer le synchronisme de ces mouvements ; mais tant de travaux et expériences prouvent qu'on n'est peut-être pas encore très fixé sur la nature du phéno-mène.

Aussi bien, que sont ces travaux et expériences ?

Ici, on a examiné la circulation dans les vaisseaux capillaires et observé que les globules du sang circulaient d'un mouvement uniforme malgré la contraction intermittente du cœur ; ailleurs, on a fait des expériences comparatives, en se servant de tubes de verre et de tubes de caoutchouc mince, pour arriver à constater que l'écoulement du sang est intermittent dans les tubes de verre à parois rigides, tandis qu'il est régulier et continu dans les tubes élastiques. Bref, on a conclu que le *mouvement intermittent imprimé au sang par les contractions du cœur se trouve transformé en mouvement continu par l'élasticité des artères.*

Fig. 17. — Crosse de l'aorte ou syphon aortique.

Sans nier cette élasticité artérielle, on peut du moins s'étonner qu'on n'ait pas observé la figure si éloquente de l'aorte (fig. 17), et vu que sa crosse, repliée sur elle-même, représente *un syphon à écoulement constant* qui pompe le sang du cœur par aspiration pour l'envoyer sans saccades dans les appareils de la circulation.

Tous les syphons de l'industrie à écoulement constant sont, pour moi, des *variétés aortiques*.

Là, pour bien démontrer que les cavités

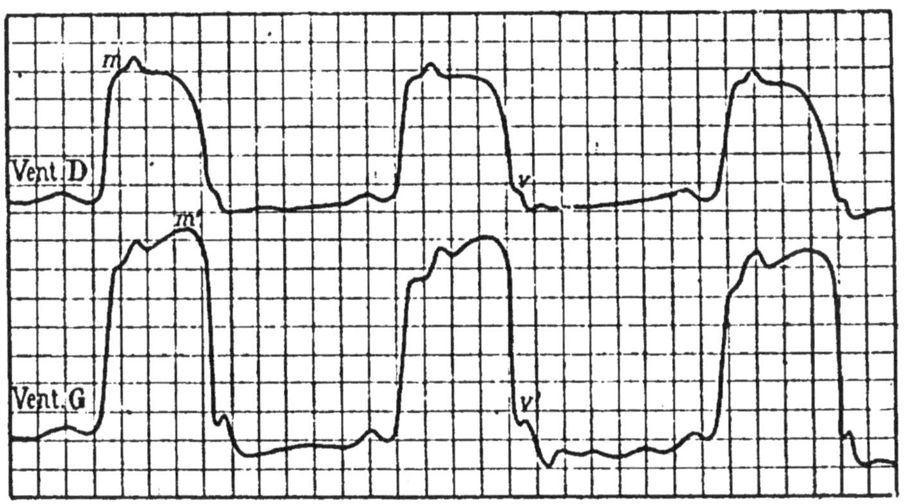

Fig. 18. — Tracés du ventricule droit et du ventricule gauche.

cardiaques de même nom se contractent en même temps, on a institué des expériences de cardiographie qui ont enregistré le synchronisme du mouvement dans les deux ventricules.

Citons l'une de ces expériences, en empruntant la figure et l'exposé qui l'accompagne au *Dictionnaire de Dechambre*, t. XII, p. 438.

« En enregistrant les mouvements du ven-

« tricule gauche avec ceux de l'oreillette et du
« ventricule droits fournis par la sonde car-
« diaque droite, on obtient la figure précédente
« (fig. 18) qui montre le parfait synchronisme
« du mouvement des deux ventricules. Toute-
« fois une différence doit être signalée dans la
« forme de ces deux mouvements. Le maxi-
« mum de l'effort développé par la contraction
« correspond au *début* du mouvement en *m*
« dans le ventricule droit, et se manifeste à la
« *fin* en *m'* dans le tracé du ventricule gauche ».

Eh quoi ! *un parfait synchronisme avec une
différence de forme...* et c'est tout ! Quoi ! deux
termes extrêmes et contradictoires de *début* et
de *fin* ne disent rien à l'esprit ?

Analysons les faits, et, pour donner une
démonstration encore plus saisissante de cette
contrariété dynamique, ajoutons simplement à
la figure précédente deux flèches et deux signes
contraires (fig. 19).

J'observe de suite que les deux ventricules
enregistrent leurs mouvements *au contraire l'un
de l'autre*, le droit sur la ligne supérieure de la
figure et le gauche sur la ligne inférieure, de
sorte que l'un joue *au-dessus* de l'autre qui travaille *au-dessous*.

Je vois aussi que la flèche du ventricule droit

monte en m début du mouvement négatif —, tandis que celle du ventricule gauche *descend en m' fin du mouvement positif +*, double contradiction qui me fait comprendre : d'une part, que le premier ventricule signale *son départ* et le

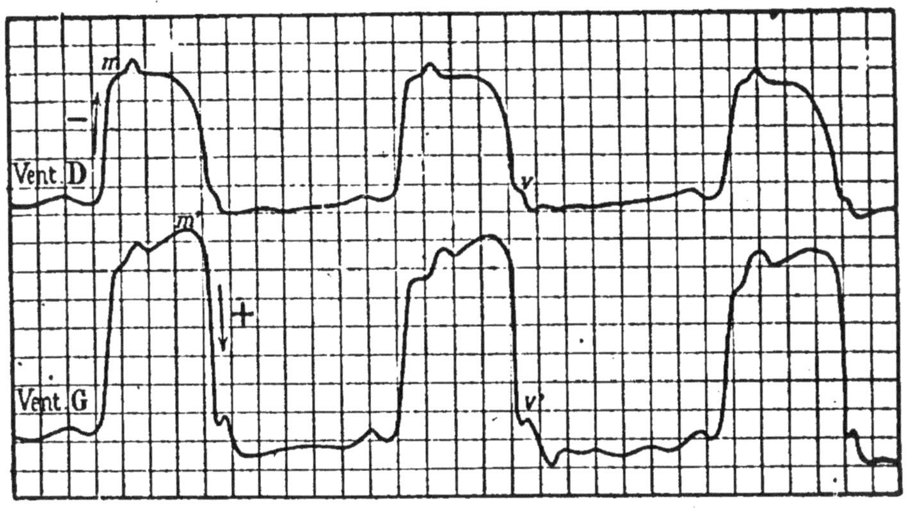

Fig. 19. — Tracés du ventricule droit et du ventricule gauche avec leurs flèches et signes contraires.

second *son arrivée ;* d'autre part, que ces deux termes extrêmes et contradictoires, si rapprochés qu'ils soient, ne peuvent pas être *simultanés* parce qu'ils sont successifs. L'idée contradictoire de début et de fin dans ces deux tracés est incompatible avec celle de synchronisme, si on n'admet pas l'alternance du travail. Il en résulte donc qu'un ventricule se vide pendant que l'autre se remplit.

Ce n'est pas tout : *m* et *m'* se font face, opposés l'un à l'autre ; *m* est un droitier et *m'* un gaucher, en sorte que leur mécanisme est de sens contraire ; la fonction de celui-ci est *lévogyre* et celle de celui-là *dextrogyre ;* l'un a une *fonction masculine* et l'autre une *fonction féminine*, ou bien inversement, car cette assimilation nous permet de surprendre la façon dont l'un commence le travail et dont l'autre l'achève. C'est une partie *liée* que je nomme ici *génération cardiaque* et dans laquelle l'écoulement sanguin s'opère par 1/2 ondes successives qui, couplées deux à deux, constituent des ondes, lesquelles, grossies à leur tour de celles qui les précèdent et de celles qui les suivent, constituent des vagues génératrices elles-mêmes de la marée sanguine. C'est la succession de tous ces mouvements contradictoires qui constitue l'unité de notre rythme vital.

Si on a bien saisi ma pensée, on voit que le tracé d'un ventricule ne représente qu'une moitié de travail ou d'onde et qu'il faut nécessairement coupler ensemble les deux tracés droit et gauche pour avoir la totalité du travail ou de l'onde. Or, comment coupler face à face deux moitiés de travail qui ne se regardent pas?

— *En retournant simplement la figure de l'une de ces moitiés, contre-partie de l'autre.*

Ainsi, par exemple, renversons le tracé gauche de la figure 18 pour le coupler ensuite

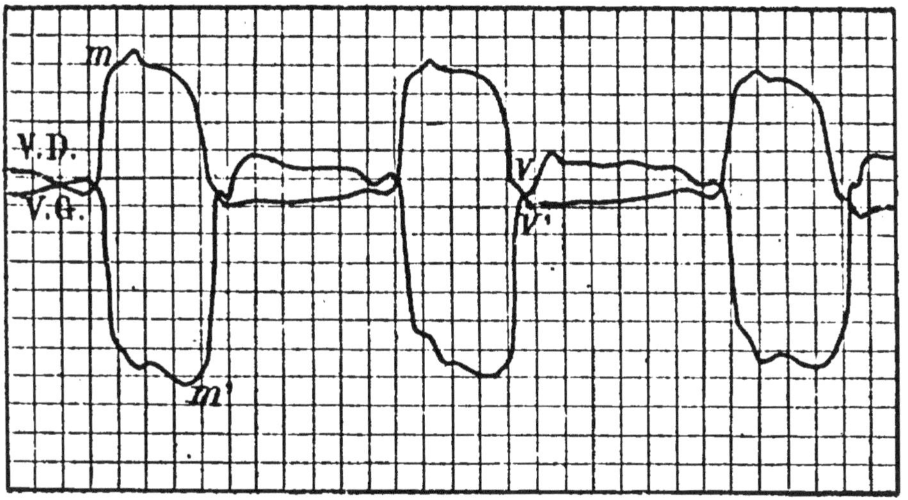

Fig. 20. — Unités d'ondes ventriculaires avec leurs ventres et leurs nœuds périodiquement rythmés.

avec le tracé droit, nous obtiendrons aussitôt la fig. 20 qui représente exactement l'unité d'onde cardiaque.

En physique, on dit de ce renversement qu'il est *un redressement de courant;* moi je l'appelle ingénument *une fermeture de courant* ou *une union conjugale*.

Ce redressement de l'un des deux tracés démontre péremptoirement :

1° Que la gauche est bien une inversion de la droite et sa complémentaire d'unité ;

2° Que le cardiographe est un appareil qui enregistre l'un des deux mouvements à contre-sens de sa direction naturelle.

Pour bien faire comprendre comment je conçois l'alternance et le rythme de ce travail cardiaque, et afin de mieux établir aussi les caractères différentiels de mon système avec la théorie officielle, je vais en donner deux schémas comparatifs (fig. 21 et fig. 22).

Le cœur est représenté fig. 21 avec ses quatre cavités. Les deux oreillettes pleines se vident en même temps l'une et l'autre

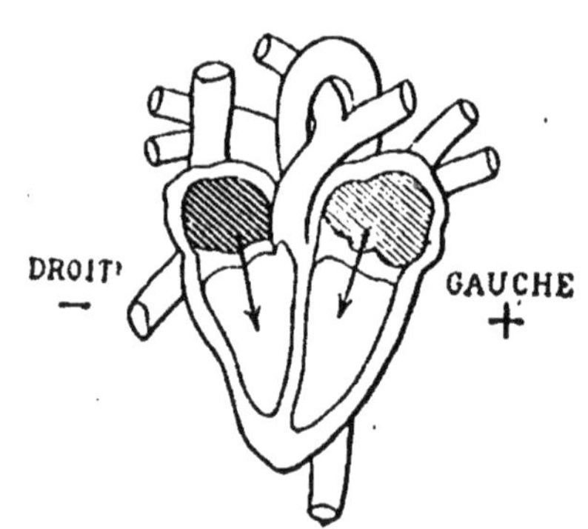

Fig. 21. — Schéma de la théorie officielle.

dans les deux ventricules ; à leur tour, ceux-ci se vident dans les artères en même temps l'un et l'autre, et le travail recommence ensuite de la même façon.

Le sang sort donc des deux oreillettes par un premier mouvement synchrone dans le sens des flèches ↓↓, et il sort ensuite des deux ventricules par un second mouvement synchrone inverse du premier ↑↑. *C'est une mesure à deux mouvements d'inégale durée, à jeu droit, ou de haut en bas et de bas en haut.*

Le cœur est représenté fig. 22 avec ses quatre cavités : l'oreillette gauche et le ventricule droit sont pleins, *en croix l'un avec l'autre ;* l'orcillette droite et le ventricule gauche sont vides et semblablement croisés. Les signes — et +, + et —, sont antagonistes et peuvent se coupler contradictoirement de quelque côté qu'on les regarde.

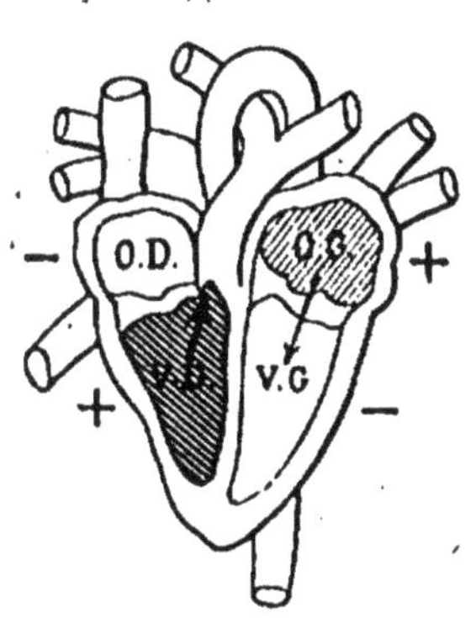

Fig. 22. — Schéma du système.

Le mécanisme est facile à comprendre :

— l'oreillette gauche se vide, le ventricule gauche se remplit ;

— le ventricule gauche se vide à son tour, l'oreillette droite se remplit ;

— l'oreillette droite se vide ensuite, le ventricule droit se remplit ;

— enfin le ventricule droit se vide, l'oreillette gauche se remplit et un nouveau cycle recommence.

On voit de quelle façon le rythme est établi

et comment le travail se poursuit sans interruption d'une cavité à l'autre par un mouvement
alternatif et croisé qui va incessamment du
plein au vide et du vide au plein. *C'est une
mesure à quatre mouvements d'inégale durée, à
jeu croisé ou de haut en bas, de bas en haut, de
gauche à droite et de droite à gauche.*

S'il pouvait rester un doute sur ce fonctionnement alternatif et croisé, j'en demanderais la
preuve irrécusable à M. Marey, lui-même, qui
a inventé un appareil reproduisant à volonté les
mouvements du cœur, le jeu de ses valvules et
leurs bruits.(*T.XVII,p.445 du même dictionnaire*).

Or, cet appareil est constitué par la réunion
d'une oreillette droite à un ventricule gauche, c'est-
à-dire que son fonctionnement est précisément
conforme à celui de mon système ! Comment ce
savant ne s'est-il pas aperçu que le montage
d'un demi-cœur droit sur un demi-cœur gauche,
qu'il nomme cœur *unique*, constituait un mécanisme *à jeu croisé* et qu'il était en conséquence
la condamnation du synchronisme parfait *à jeu
droit* ? N'est-ce pas là se suicider ?

Mais ce n'est pas le seul profit qu'il y ait à
retirer de cette nouvelle interprétation : elle
nous apprend en effet ce qu'est une *révolution
cardiaque* et quelle est *sa constitution*.

Déjà, si on considère que le sang doit nécessairement passer dans les quatre cavités du cœur avant de recommencer un nouveau cycle, déjà il faut admettre qu'une révolution cardiaque comprend quatre modes ou *périodes* successives de mouvements cycliques.

D'autre part, si on réfléchit qu'un mouvement se compose toujours de deux temps d'*aller* et de *retour*, et que chacune des quatre cavités exige aussi deux temps contraires de dilatation et de contraction pour l'entrée et la sortie du sang, force est bien de conclure qu'*il y a huit temps contraires dans une révolution.*

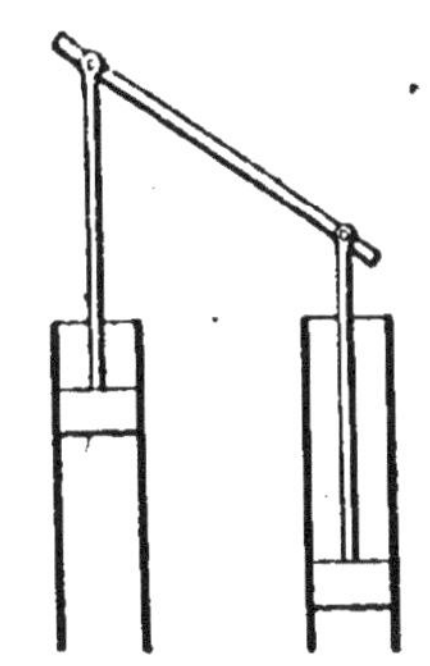

Fig. 23. — Double corps de pompe.
Le mouvement du balancier se croise sur lui-même en décrivant un ∞ et les deux pistons alternent.

J'appelle donc *révolution cardiaque* tout l'espace de temps compris entre deux contractions successives de l'oreillette gauche prise comme point de départ d'un cycle, et je nomme *sa constitution* les huit temps successifs et contraires de dilatation et de contraction qui engendrent les quatre périodes cycliques de la révolution.

Normalement, une révolution cardiaque est, pour moi, une gamme musicale à huit notes ou octave.

Par leurs bruits doubles et contraires, harmonieusement rythmés et incessamment répétés, les battements du cœur font en effet de la vie *une musique et un nombre* dont je donnerai plus loin une autre preuve.

Je me résume en disant que le cœur, avec son aorte, agit à la manière d'une double pompe foulante et aspirante (fig. 23) et que toutes ses vibrations constituent, comme les précédentes, une longue chaîne d'*ondes cardiaques*.

Si on rapproche à présent de cet acte cardiaque ceux de procréation, de locomotion et de respiration (je pourrais ajouter de l'acte récréatif d'une partie de billard), on voit nettement, par les exemples d'une femme qui se grossit, d'un fléchisseur qui s'élargit, d'un poumon qui se gonfle et d'un cœur qui s'emplit, que le travail négatif s'accomplit toujours en sens contraire du travail positif, de sorte qu'on peut dire des deux forces positive et négative en action que l'une vibre en long tandis que l'autre vibre en large, chacune d'elles alternativement, ce qui est la réalisation du mouvement perpétuel quelle qu'en soit la grandeur.

CHAPITRE VI

MÉCANISME D'UN AOTE DE VISION

Le fonctionnement de notre mécanisme visuel ne diffère pas de celui de nos autres organes, et je pourrais me contenter d'une simple assimilation de fonctions, s'il n'y allait de l'intérêt de ce système de mieux caractériser l'antagonisme du *blanc* et du *noir* qui est universel et qui joue dans cette doctrine un rôle prépondérant.

On a d'abord le droit d'être surpris que la Science ait délibérément repoussé comme une absurdité l'idée du *Froid lumineux* et du *Froid obscur*, quand il n'est personne de nous qui ne constate quotidiennement que les rayons du Soleil engendrent sur la Terre des jours chauds et des nuits tièdes ainsi que des jours froids et des nuits glaciales, c'est-à-dire de la *chaleur lumineuse* et de la *chaleur obscure* avec du *froid lumineux* et du *froid obscur*, soit autant d'une énergie que de l'autre. Or l'antagonisme et l'équivalence de ces deux sortes de radiations lumineuses et obscures, quelle que soit leur origine (lumière, chaleur ou électricité), ont à mes yeux une telle signification que je me propose de les accoupler pour leur faire jouer un rôle prépondérant dans la génération de tous nos actes ; mais afin de montrer qu'il n'y a rien d'arbitraire ni d'incestueux dans cet accouplement, comme aussi pour bien établir le caractère dynamique de chacune de ces deux individualités, je vais reproduire ce passage de « *L'amour dans l'Univers* » dans lequel il se trouve esquissé.

« Explorateur cosmologique, égaré dans ces
« hautes régions où je marche à l'aventure,
« seul et contemplant en silence la lumière
« nocturne des aurores et des étoiles (que je
« vois s'éteindre au jour, s'il faut en croire nos
« yeux), je ne peux me défendre de soutenir
« que la phosphorescence des astres et de tous
« les autres corps de l'Univers appartient en
« propre à la Force noire, attendu que le phé-
« nomène ne se produit jamais que dans l'obs-
« curité. J'ajoute encore, pour fortifier cette
« opinion, que le diamant qu'on frotte avec
« une étoffe de laine (chaleur obscure) jette

« pendant la nuit des lueurs persistantes (Boyle
« Dufay) ; que Becquerel rend les sulfures phos-
« phorescents à moins de 500° (chaleur obscure)
« et éteint cette phosphorescence en les sur-
« chauffant au rouge naissant (chaleur lumi-
« neuse), tandis que le même savant les rend
« encore phosphorescents par les rayons ultra-
« violets (rayons obscurs).

« Cet éclairage des corps qui sont obscurs
« le jour mais qui deviennent lumineux à la
« nuit prouve bien que l'obscurité a la pro-
« priété de faire de la lumière ; mais il n'est
« pas moins digne d'attention que le phénomène
« soit, d'une part, temporaire, et, d'autre part,
« renouvelable par de nouvelles expositions à
« la lumière et à l'obscurité, attendu que c'est
« une démonstration non moins péremptoire
« qu'il faut nécessairement l'alternance d'un
« rayon lumineux et d'un rayon obscur, c'est-
« à-dire d'un positif + et d'un négatif — pour
« qu'il y ait reproduction du phénomène. Or
« c'est là une véritable création issue de la ren-
« contre de deux forces contraires.

« De même qu'il faut deux mouvements
« contraires à la corde d'un arc pour qu'elle
« décoche un trait ou à un briquet pour qu'il
« fasse d'un silex jaillir une étincelle, de même

« il faut à la matière phosphorescente deux
« rayons contraires pour qu'elle émette de la
« lumière : un excitateur séminifère et un con-
« tinuateur fructifère, ou un spermatozoaire et
« un ovule.

« Un rayon obscur est donc complémen-
« taire d'un rayon lumineux ; il en est le com-
« burant. Lorsqu'il y a cessation de lueur phos-
« phorique, c'est qu'il n'y a plus de combustible
« pour le comburant. Epuisés pendant la nuit,
« les sulfures phosphorescents s'enrichissent
« de nouveau à la lumière du jour, et c'est ainsi
« qu'ils peuvent, d'une façon durable, entre-
« tenir le flambeau de l'hyménée par des inso-
« lations diurnes suivies des caresses nocturnes.

« Ainsi que le regard couplé de deux amants
« contraires vient embraser leur âme, telle
« l'essence de ce double rayonnement contraire
« vient illuminer la matière phosphorescente.
« Ici naît de la lumière et là naît de l'amour !
« Où est la différence ?

« On doit bien penser que le phénomène ne
« s'accomplit jamais qu'entre rayons antago-
« nistes de même type, ainsi que l'acquisition
« d'un objet ne se fait qu'en échange d'une
« valeur équivalente d'argent ; autrement, il n'y
« aurait ni production lumineuse ni acquisition

« d'objet. Le Seigneur n'a pas octroyé « *le droict* « *de jambaige* » à des rayons « antagonistes qui ne sont pas « de même type ; le cercle ne « pourrait pas se fermer (fig. « 24). »

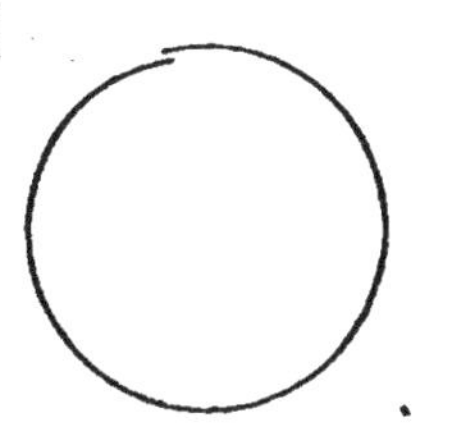

Fig. 24.

(*L'amour dans l'Univers*, 1896.)

On peut maintenant marcher plus hardiment dans l'étude des phénomènes optiques. Et d'abord qu'est-ce qu'un phénomène lumineux et par quel mécanisme est-il engendré ?

Un *phénomène lumineux* est *le produit d'un couple masculin* + et *féminin* —, *dynamique* + et *mécanique* —, *électrique* + et *magnétique* —, car *il est engendré par la combinaison de la Force avec la Matière*, quels que soient d'ailleurs les noms que l'on donne à cette Force (Éther, Lumière, Électricité, Magnétisme, etc.) et à cette Matière (poussières cosmiques, sulfures phosphorescents, radium, substance de nos yeux, etc).

En frappant nos yeux de ses radiations célestes, la Force fait vibrer cet organe et elle y détermine la sensation lumineuse qui va retentir sur le cerveau. La Force agit sur nous qui réagissons sur elle, et le travail s'accomplit en alternance avec échange de signes comme dans l'acte conjugal, dans la partie de billard ou dans l'acte de la marche. La Nature nous a donné deux yeux pour voir sucessivement, et non en même temps, les deux côtés des corps.

La figure 25 de deux personnes qui se regardent, l'une à gauche et l'autre à droite, va d'abord

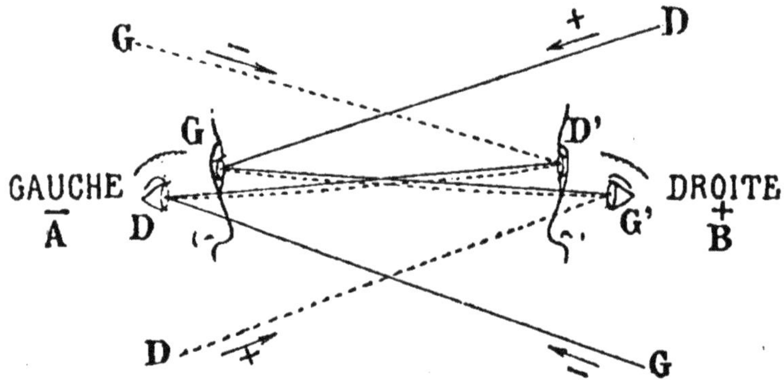

Fig. 25. — Soient A la personne de gauche et B celle de droite. Les rayons incidents et réfléchis venant de gauche sont représentés par des lignes ponctuées ; au contraire, ceux venant de droite sont figurés par des lignes pleines.

faire comprendre comment les images se forment et se redressent ; l'analyse d'un acte de lecture complètera ensuite la démonstration de l'alternance du travail des yeux dans le mécanisme visuel.

Mécanisme visuel
de deux personnes qui se regardent [1].

Le rayon incident D de droite va frapper G,

---

1. — *Communication à l'Académie des Sciences*, 30 novembre 1897. — *L'Amour dans l'Univers*.

œil gauche de A, d'où il se réfléchit dans G', *œil gauche de B.* Là il se combine avec le rayon incident ponctué D de gauche pour engendrer l'image qui est ensuite transportée au cerveau, de telle sorte que c'est *la combinaison d'un incident avec un réfléchi, l'un droit et l'autre gauche, qui produit la génération de l'image.* Le même travail s'opère ensuite en sens inverse pour *l'œil droit de B,* ce qui prouve bien que ce travail est alternatif et par demi-onde. Il va sans dire qu'il en est pour les deux yeux de A comme il en est pour les deux yeux de B.

Ainsi qu'on le voit par la figure, il y a quatre rayons incidents, gauche et droit droit et gauche, et quatre rayons réfléchis, gauche et droit droit et gauche, mais on peut les réduire à leur plus simple expression en les ramenant à la dualité d'un incident et d'un réfléchi ; on a donc le choix pour l'interprétation. Il n'en reste pas moins prouvé, par la figure et par le fait même d'avoir le choix, qu'il est impossible de représenter un rayon sans le dualiser par deux lettres G et G' ou bien D et D'.

Ce n'est pas tout : la figure démontre que *l'image se redresse en se retournant.* En effet, l'image G de A va se réfléchir dans G' qui est l'œil gauche de B, tandis que l'image D de A va se réfléchir dans D' qui est l'autre œil de B.

Acte de Lecture

Analysons à présent l'acte d'un homme qui lit son journal.

Je dis d'abord qu'un journal et son lecteur sont un couple de deux moitiés antagonistes dont l'une veut être lue par l'autre qui veut la lire. Contrairement à l'opinion générale, je donne le rôle actif + au journal et le rôle passif — au lecteur. En effet, le journal représente l'esprit de l'écrivain qui converse avec son lecteur et le renseigne sur ce qu'il ignore : le journal est un *transmetteur* + de pensées et le lecteur en est le *récepteur* —. Tout le contraire a lieu à la fin de la lecture : le journal délaissé prend le rôle passif —, et le lecteur, à présent renseigné, devient un transmetteur actif + des faits qu'il sait par cœur. Il y a inversion dynamique par suite de l'échange des signes.

Comment s'accomplissent les phénomènes ?

— Nous promenons d'abord nos yeux de gauche à droite (qui est le sens du courant de lecture) pour lire la première ligne, en les ramenant ensuite de droite à gauche pour lire là seconde ligne et ainsi de suite pour les suivantes ; mais nous les promenons ensuite de haut en bas pour lire la première colonne, en les ramenant ensuite de bas en haut pour lire la seconde colonne, et ainsi de suite de toutes les colonnes. Il en résulte donc que le jeu mécanique de notre organe visuel est un mouvement croisé de va et de revient en double sens contraire, de gauche à droite et de droite à gauche, de haut en bas et de bas en haut : je représente alors ce double mouvement antagoniste et inverse par des doubles flèches qui se coupent en croix dans l'*horizontale* et dans la *verticale* (fig. 26) et je fais remarquer qu'il manque encore à cette figure deux flèches contraires dans la *transversale* pour indiquer le sens de l'épaisseur ou de la profondeur.

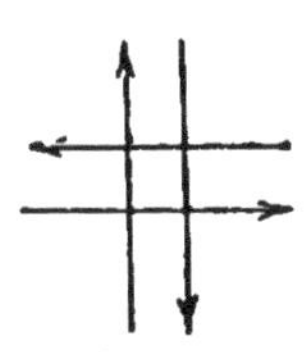

Fig. 26.

Enfin, j'ajoute que ce mouvement alternatif des yeux pour lire les lignes et les colonnes n'est que la répétition du même travail fait pour lire chaque mot d'une ligne, chaque lettre d'un mot, et chaque jambage d'une lettre, puisque ceux-ci sont les éléments constitutifs des autres. Il est donc clair que la lecture d'une colonne n'est qu'une longue suite de petites lectures ou de petits actes qui se multiplient à chaque croisement et à chaque échange de signes pour faire ainsi d'une longue suite de mots un grand acte de lecture.

Comment ces lettres et ces mots se transmettent-ils au cerveau?

Les rayons incidents lumineux + et obscurs — qui frappent le journal à droite + et à gauche — se réfléchissent dans nos yeux pour y fixer alternativement l'image des deux côtés des lettres, ainsi qu'il a été expliqué pour la figure précédente ; chaque sorte de rayon se charge d'un signe contraire, l'un du signe blanc + du papier et l'autre du signe noir — des lettres, en sorte que chaque hémisphère cérébral reçoit tour à tour sa moitié d'image, l'une gauche — et l'autre droite +. Un mot, une lettre ou même un jambage de lettre entrent donc successivement morceau par morceau dans l'œil gauche, ensuite dans l'œil droit pour revenir à l'œil gauche, et ainsi de suite ; de telle sorte que chaque œil alterne avec l'autre œil son travail de lecture qui est rythmé et périodique de même que le travail alternatif des pieds et des poumons dont j'ai parlé. C'est l'ensemble de ces deux vibrations successives qui constitue l'onde visuelle ainsi que l'unité de l'image cérébrale qui est toujours double dans nos yeux quand nous regardons un objet. Il suffit, en effet, de la juxtaposition cérébrale de ces deux images, droite et gauche, complémentaires l'une de l'autre, pour que la conscience perçoive naturellement et sans effort mental l'impression d'une image unique. Si les Physiciens avaient mieux compris le principe de l'unité, ils se seraient donc épargné bien des travaux inutiles sur l'adaptation, l'accommodation et le redressement des images.

Aucun doute n'est possible sur cette double marche alternante et inverse. L'alternance de la couleur du papier blanc + et des jambages noirs — démontre d'abord que les rayons doivent aller du blanc au noir et du noir au blanc pour accomplir leur travail de transport, et Becquerel a autrefois constaté que le blanc et le noir prenaient chacun une électricité différente.

Les rayons vont donc du journal au cerveau d'où ils reviennent ensuite au journal pour y clore leur cycle et recommencer le même travail, en se croisant toujours à l'aller et au retour pour échanger leurs signes au point de la rencontre.

En résumé, un acte de lecture exige pour son accomplissement deux facteurs (journal et lecteur), deux sortes d'organes pour le journal (papier blanc et lettres noires), deux sortes d'organes pour le lecteur (yeux et hémisphères cérébraux droits et gauches), tous reliés contradictoirement par deux rayonnements antagonistes (lumineux et obscurs) ayant aussi deux temps de mouvements contraires (l'aller et le retour). Or, on peut ramener tout ce système double à sa plus simple expression en appelant *Dynamisme* les rayonnements et leurs temps, *Mécanisme* les deux facteurs et leurs organes. On voit alors que le travail d'un acte de lecture se réduit au jeu sexuel d'un couple dynamique et mécanique ou masculin et féminin.

Mais on peut encore sublimer ce système en retranchant *mentalement* le Mécanisme pour ne retenir que le seul Dynamisme et on se trouve encore en présence d'un couple dynamique : les radiations *extérieures* que je dis *électriques* et nos radiations *intérieures* qui sont pour moi *magnétiques*. On voit alors que l'air et nous ne sommes que les supports de ce duo-dynamisme antagoniste dont l'image est *le produit*, et que la lutte génératrice a lieu dans le *champ clos* de notre organisme qui est comme le sanctuaire de leurs manifestations.

Si je voulais entrer dès à présent dans le

domaine de la psychologie, je pourrais donc dire du journal qui représente l'esprit de l'écrivain, et de nous, qui sommes celui du lecteur, qu'ils sont un couple divin de deux âmes unies en vue de création.

Cette interprétation du Mécanisme de la Vision touche de trop près à la vitesse de propagation de la Lumière, et la Science nous a trop dit qu'elle n'avait à s'occuper que du rapport des choses [1], pour qu'on n'ait pas le droit de lui poser une question.

Sommes-nous bien avancés d'apprendre d'elle que la Lumière est une suite de courants alternatifs qui changent de sens un quatrillion de fois par seconde, si elle ne nous dit pas le rapport qu'il y a entre cette vitesse et celle de tous nos actes passionnels ? Par exemple, quelle différence y a-t-il entre les alternances vibratoires de la Lumière et celles de deux joueurs de billard ou bien celles d'un couple conjugal ?

J'ignore ce que la Science en pensera, mais

---

1. — « Ce que la Science peut atteindre, ce ne sont « pas les choses elles-mêmes, comme le pensent les « Dogmatistes naïfs, ce sont seulement les rapports entre « les choses; en dehors de ces rapports, il n'y a pas de « réalité connaissable ».

Poincarré : (Science et Hypothèse).

je me permets de répondre qu'un couple conjugal fait *en neuf mois* ce que des joueurs de billard accomplissent *en une heure* et ce que la Lumière fait *en un quatrillionième de seconde.*

On pourrait, sur ces exemples, généraliser la méthode et calculer le rapport des ondulations vibratoires d'un condensateur ou bien celles d'un réservoir avec celles de la Lumière : chaque charge et décharge d'un condensateur ou bien chaque remplissage et vidange d'un réservoir, représente en effet une ondulation vibratoire + et — qui, multipliée par de nouvelles, forme une chaîne d'alternances analogues à toutes celles qui précèdent.

L'alternance est une loi de croissance qui se manifeste dans tous les phénomènes de la vie animale, végétale et minérale, et la pousse alternante des feuilles en fournit amplement la preuve.

Qui ne comprend maintenant qu'il y a le même rapport entre les actes de charger et de décharger, de remplir et de vider, de multiplier et de diviser, de synthétiser et d'analyser ou bien encore de spiritualiser et de matérialiser ? Qui ne voit en effet que les discussions successives (vibrations alternatives) des spiritualistes et des matérialistes ont engendré la science de la Philosophie et que rien n'est facile comme de mesurer la vitesse de leurs ondes par le calcul du temps passé à leurs luttes contradictoires, de 1/2 longueur d'onde ? C'est toujours le même mécanisme vibratoire et ondulatoire.

« La critique est aisée » nous a dit le poète, et la tentation en est si grande qu'on est excusable de se laisser entraîner.

On a dit, pour défendre la Science, qu'on la voyait agir chaque jour sous nos yeux. Rien n'est plus vrai et son œuvre est immense : elle a tout recherché, tout étudié, tout vu ; mais a-t-elle bien vu ?

Multipliant à l'excès les expériences et les théories qui l'encombrent, métamorphosant à son insu la chaleur en électricité ou celle-ci en chaleur [1] pour en faire des articles de loi, troublée par le nombre croissant des formes qu'elle donne chaque jour à la matière et par la nouveauté des manifestations dynamiques qui en résultent, déconcertée en un mot par ses propres découvertes, la Science s'épuise en vain pour établir la consanguinité des forces naturelles

---

1. — Voir à la fin les notes additionnelles 2 et 3 sur les expériences de Rumford et de Davy.

sans voir qu'elle a sous la main ce qu'elle va chercher bien loin.

Les lois de la lumière répondent à tous ses vœux d'explication de l'Univers et elle ne s'en aperçoit pas! Elle pourrait, grâce à elles, disséquer la Matière, sonder les mystères de l'Ame et fonder enfin la Science, et elle ne s'en doute pas!

Elle nous a enseigné (ce n'est pas trop de le répéter pour montrer son grand labeur) que la lumière a des rayons incidents et réfléchis, lumineux et obscurs, physiques et chimiques, les uns qui colorent et les autres qui décolorent, certains qui traversent et certains autres qui ne traversent pas, ceux-ci qui se nomment x et ceux là qui s'appellent n; nous connaissons aussi qu'elle fait de la radio-activité, des fluorescences et des phosphorescences, qu'elle a deux spectres, l'un visible et l'autre invisible, une région infra-rouge et une région ultra-violette, qu'elle se réfracte, se disperse, se polarise, interfère, et ainsi de suite, sans fin…

Et de ce grand savoir, la science n'use pas!

Mais à quoi bon, grand Dieu, nous avoir tant appris si tous ces mots et phénomènes scientifiques doivent rester des articles de curiosité sans influence sur nos sensations, nos pensées et nos actes ? Où sont tous ces rapports que la science nous promet ?

Où est l'utilité de tout cet enseignement sur les miroirs plans, concaves et convexes, sur les lentilles, sur leurs images, si on ne doit pas nous apprendre que la vue d'un bancale ou bien celle d'un bossu ne nous arrachent une explosion de rire ou de pitié que parce que leur claudication ou leur gibbosité, en forme de miroir concave ou de miroir convexe, réfléchit sur nos yeux des *anamorphoses* [1] qui nous font rire ou pleurer suivant la tournure naturelle ou factice de notre esprit, je veux dire suivant la manière dont on a pétri nos organes et *dressé* notre esprit. Or, qu'est-ce que ce *dressage* de l'esprit sinon l'éducation, travail que nous faisons chaque jour sans en comprendre le mécanisme et que je nomme ici *la polarisation mentale.*

Quand nous disons à un enfant qu'une chose est bonne + ou mauvaise —, nous chargeons cette chose et les oreilles de cet enfant de la valeur dynamique de nos paroles électro-magnétisées, c'est-à-dire que nous leur constituons un état dynamique particulier en leur donnant un signe + ou — qui est une véritable sexualité ;

---

1. — Figures difformes.

en d'autres termes, nous les *polarisons* de telle sorte que chaque fois que cet enfant voit, sent ou entend ces choses ou ces paroles, dont l'air lui apporte les radiations extérieures, ces radiations se combinent avec celles de ses organes pour engendrer des sensations qui vont retentir sur son cerveau et qui sont elles-mêmes + ou — suivant le sens de la combinaison.

J'ai expliqué cette action et montré que créer un mot avec une signification de plaisir + ou de peine — , c'est le dynamiser à vie et déterminer le sens de sa marche dynamique. Un mot n'a donc pas seulement sa nationalité, il a encore ses droits d'électeur ; il choisit son oreille quand nous le prononçons et l'air qui le porte ne se trompe pas d'adresse. Chaque adversaire d'une conversation reçoit ainsi en pleine face les ondes parlées de son antagoniste qui se bifurquent et s'orientent pour venir tour à tour à l'une et l'autre oreille y échanger leurs signes, en commençant par l'une ou bien par l'autre suivant le sens de l'orientation, de sorte que chaque oreille a ses périodes d'action et de repos et que chaque hémisphère cérébral reçoit sa moitié d'image, l'une gauche et l'autre droite. Un mot parlé et un mot écrit sont donc des images électro-magnétisées et l'air n'est que le

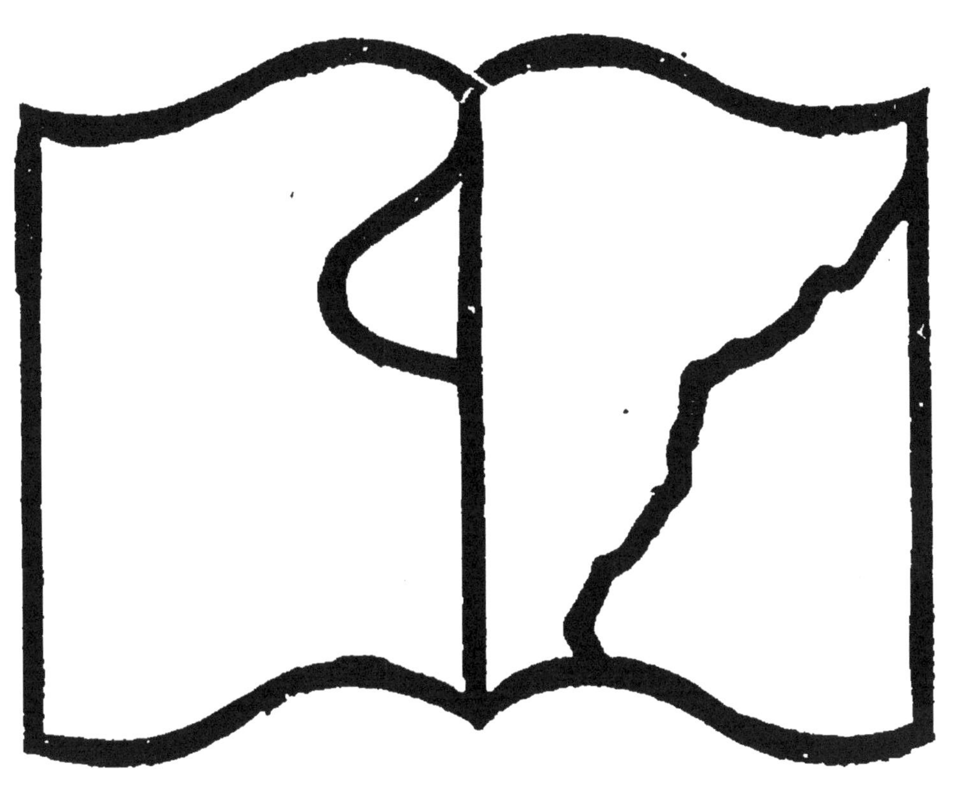

Texte détérioré — reliure défectueuse

NF Z 43-120-11

porteur du dynamisme sensationnel ; il est l'intermédiaire des échanges et le support des
ondes. Chaque vibration de la vague aérienne
échange en cours de route son signe avec sa
voisine et c'est ainsi que le dynamisme arrive à
l'oreille antagoniste sur laquelle il se décharge
en échangeant son signe pour retourner ensuite
en sens inverse à son point de départ. Je reviendrai plus loin sur ce pouvoir magique de la
parole.

A quoi sert, ô savants maîtres, de nous avoir
expliqué les phénomènes de dissymétrie et la
dualité des spectres lumineux et obscurs, si
c'est pour ne pas les relier aux caractères et aux
tempéraments des deux sexes mâle et femelle ?
et de nous avoir démontré que les rayons colorés
de ces spectres n'ont pas les mêmes propriétés
en physique et en chimie, si vous devez ensuite
nous laisser ignorer leur pouvoir électif et leurs
effets physiologiques, lorsqu'ils dynamisent des
yeux bleus, verts ou noirs ?

Etait-ce bien la peine de nous parler de polarisation rotatoire et de nous dire que les
deux sucres, les deux acides tartriques, ceux
lactiques, les essences et tant d'autres corps ont
la propriété de faire tourner à gauche ou bien à
droite le plan de polarisation, si vous deviez

ensuite faire des exceptions ? N'avez-vous donc jamais aimé pour n'avoir pas admiré que la lumière agit différemment dans les yeux d'un homme et dans ceux d'une femme ?

Comment n'avez-vous pas compris que *les deux sexes sont des polariseurs de signes contraires, dextrogyres et lévogyres,* et que la lumière les couple et les découple à sa volonté, en leur commandant militairement 1/2 tour à gauche et 1/2 tour à droite, suivant le sens du courant dynamique qui pénètre leurs yeux pendant un vis-à-vis ? La pensée vous fut aussitôt venue que la structure des yeux, leur éducation et la nature de leurs humeurs varient avec les individus, de sorte qu'il peut arriver à des gauchers de leurs yeux de se faire accidentellement vis-à-vis. Alors, vous nous eussiez expliqué très naturellement ces sentiments d'antipathie que nous éprouvons sans pouvoir nous en rendre compte, à la vue de personnes que nous rencontrons pour la première fois, en nous disant bien simplement que *nos regards se fuient parce que nos yeux et les leurs sont des polariseurs de mêmes signes qui retournât nos personnes.* Voilà, eussiez-vous ajouté en recueillant tous nos applaudissements, la preuve que le principe de polarisation s'accorde avec ceux de l'attraction et de la répulsion, avec ceux de l'action égale à la réaction, et ainsi de suite.

L'enroulement de la tige des plantes volubiles (vrilles) dont les unes tournent de gauche à droite et les autres de droite à gauche, la disposition contradictoire en S des tiges et des racines, la flexion tantôt latérale et tantôt verticale des tiges, phénomènes étudiés par Payer, Dutrochet, Palm et autres observateurs, sont donc aussi des phénomènes électro-magnétiques de polarisation rotatoire engendrés par des radiations lumineuses et obscures.

Désormais plus de difficultés ! tout devient simple à expliquer comme aussi à comprendre, car tout est mécanisme dans l'Univers et soumis aux lois de la Physique. Les phénomènes sensibles et psychiques vont donc pouvoir s'analyser comme les actes qui précèdent.

Voici d'abord l'histoire et l'analyse psychologique d'un souffret qui fera bien connaître le mécanisme du mouvement passionnel que nous appelons *colère*.

CHAPITRE VII

§ I. — MÉCANISME D'UN ACTE DE COLÈRE.
§ II. — MÉCANISME D'UN ACTE AUDITIF. POUVOIR DYNAMIQUE DE LA PAROLE.

—

§ I. — MÉCANISME D'UN ACTE DE COLÈRE

Quelqu'un a médit de nous ; on nous le répète et nous en prenons rancune ; nous le rencontrons à quelque temps de là et le lui reprochons. Loin de s'en excuser, il reste calme à nos reproches et comme satisfait de sa trahison. Cette placidité nous indigne, et, dans un mouvement de colère, nous lui appliquons un soufflet qui calme notre explosion et satisfait notre rancune. A son tour, notre adversaire, indigné et bouillant de colère, veut se précipiter sur nous, mais des assistants s'interposent et nous séparent.

Tel est l'acte à analyser ; étudions-en le mécanisme physiologique.

J'assimile d'abord l'union d'une main et

d'une joue à un acte d'union conjugale dans lequel je fais jouer le rôle masculin et actif + à la main qui donne le soufflet, et le rôle féminin et passif — à la joue qui le reçoit. Ainsi déchargée de son soufflet, la main s'en retourne négative — tandis que la joue, chargée de son cadeau, s'en revient positive +. De cet acte de création avec antagonisme sexuel, inversion fonctionnelle et alternance dynamique, naît alors un effet qui est une sensation.

Analysons maintenant l'intimité de cet acte sensationnel.

Le soufflet retentit : aussitôt tout le sang de la joue est brutalement refoulé dans les veines où ce choc en retour du reflux → avec le flux ← de la vague sanguine dilate les vaisseaux dans le sens transversal ↑ ; il y a tout à la fois inversion de la circulation veineuse et pression sur le cerveau.

Je peux donc considérer la main comme un réflecteur de courant et dire du phénomène qu'il est une action réflexe.

Ce n'est pas tout : il y a une autre inversion.

Un soufflet est une décharge électrique; entre la main qui frappe et la joue qui reçoit, il se fait un échange d'énergie positive + et négative — qui dynamise les deux adversaires en

sens inverse suivant leur charge de potentiel.
Cet échange va même plus loin qu'on ne pense :
en effet le soufflet transmet notre colère et notre
indignation à l'adversaire qui nous cède en
retour son calme et sa satisfaction. C'est un
donné pour un rendu ; ce qui était en A est
entré dans B et ce qui était en B est allé en A.
Tel un négociant qui cède ses denrées contre
une valeur équivalente d'argent. La main n'est
qu'un intermédiaire qui porte et qui rapporte
l'expression des sentiments adverses.

Rien n'est démonstratif comme une figure
avec des flèches et des signes pour représenter
un travail sensationnel ;
je donne donc ici la figure
de l'acte d'un soufflet (fig.
27).

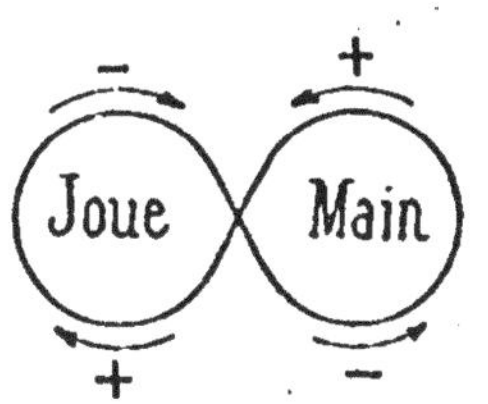

Fig. 27. — La main vient positive + et s'en va négative —.
La joue vient négative — et
s'en retourne positive +.

En résumé, je ramène
la colère à un phénomène
de pression vasculaire
produit par un mouve-
ment réflexe et le calme à un phénomène de
dépression vasculaire produit par un mouvement de sens contraire.

Il résulte de cet aperçu qu'un soufflet a un
caractère dynamique qui lui est propre ; il
porte en lui de l'indignation et de la colère. Ce

n'est pas tout : ce caractère dynamique peut se transmettre, il est héréditaire ; c'est une individualité qui a ses qualités natives et transmissibles.

Il en est de même d'une caresse avec cette différence que son dynamisme n'est pas de même orientation que celui d'un soufflet ; en effet, l'une appelle à la joue le sang que l'autre repousse. La caresse fait naître l'amour +, le soufflet engendre la haine —, et cet antagonisme rythmé perpétue la création.

Transportons cette théorie dans le domaine de la psychologie et suivons ces ferments de haine et d'amour dans leur évolution. Reprenons alors notre acte du soufflet au point où nous l'avions laissé après la formation de l'image, c'est-à-dire au moment de l'intervention amicale qui nous a séparés. Que va-t-il advenir de la passion inassouvie de notre adversaire et du germe de rancune que nous lui avons inoculé ?

Le ferment déposé dans son âme va y rester à l'état latent, étranger à tout ce qui ne l'a pas fait naître, indifférent à tout ce qui n'est pas nous. Nous sommes sa moitié antagoniste et complémentaire, son *alter ego ;* nous parlons la même langue et pouvons seuls nous comprendre ; notre type est le sien, et, lui-même, il ne peut

s'échanger que contre une valeur typique équivalente (de même longueur d'onde). Tout
comme un organisme, ce dynamisme aura donc
ses périodes d'incubation et d'éclosion. Aussi
voit-on chaque jour des ferments de haine ou
des germes d'amour couver pendant des années
avant d'avoir l'occasion de se satisfaire.

Opérons maintenant la rencontre et mettons-
nous en présence de notre adversaire. Aussitôt
la passion va se rallumer et le circuit se fermer :
il se fera un nouvel échange de regards enflammés, de paroles haineuses, peut-être même de
soufflet qui se terminera par un croisement
d'épées suivi lui-même de blessure ou de mort.
C'est l'acte négatif — de retour ou de décréa-
tion.

Si on remplace les deux amis par les deux
amoureux de caresses, le phénomène sera le
même en sens inverse : l'échange de regards et
de paroles, accompagné de caresses, se terminera par l'acte sexuel du baiser qui sera lui-
même suivi de la création d'un être vivant.
C'est l'acte positif + d'aller ou de création.

§ I. — MÉCANISME D'UN ACTE AUDITIF. POUVOIR DYNAMIQUE DE LA PAROLE

On vient de voir qu'un échange de paroles et de regards enflammés a précédé les grandes luttes finales que j'ai analysées ; remontons alors le cours de ces préliminaires et cherchons la raison de l'influence mystérieuse que possède la parole.

La Science nous enseigne que le son vocal est produit par l'ébranlement de l'air qui vient frapper nos oreilles. Fort bien ; mais par quel charme ces vibrations aériennes de la voix peuvent-elles produire en nous ces émotions si douces ou si violentes qu'y fait naître une conversation ? D'où vient à l'air ce pouvoir magique ?

J'ai dit précédemment que l'acte de la respiration était une incarnation et que notre force vitale était une métamorphose de l'énergie magnétique incluse dans l'oxygène respiré dont la diffusion dans notre organisme dynamisait tous nos organes gauches et droits.

Je considère donc notre mécanisme vocal comme dynamisé par ce magnétisme animal et chaque parole prononcée par ce mécanisme comme une charge dynamique de fluide vital qui va se combiner avec le fluide antagoniste de l'oreille qui écoute. Chaque mot parlé est une image électro-magnétisée, polarisée ainsi que je l'ai dit plus haut, qui éveille une sensation dans l'âme adverse et l'air n'est que le porteur du dynamisme sensationnel de même que la main qui portait le soufflet dont j'ai fait le récit. Chacune des vibrations de la vague aérienne échange donc son signe avec sa voisine pour aller ensuite, je le répète encore, se combiner dans l'oreille *adverse. Le Dynamisme, voilà le charme ! l'air n'est que son support.*

Tels sont, en abrégé, le mécanisme d'un acte auditif et la véritable cause du pouvoir *suggestionnant* de la parole (je souligne deux fois ce mot de suggestion), et c'est ainsi que je m'explique la puissance verbale de ces grands orateurs qui foudroient d'un mot leur interlocuteur ou qui électrisent une foule en leur communiquant leur charge dynamique. Tous leurs mots représentent bien la même image que s'ils étaient prononcés par nous, mais leur intensité se trouve accrue de toute la différence du potentiel de ces grands hommes.

Cette interprétation du pouvoir merveilleux de la parole permet d'unifier les phénomènes. Que l'action vienne des mains ou bien qu'elle vienne des lèvres, c'est toujours le même dynamisme qui met simplement en jeu des organes mécaniques différents, en diversifiant son action et multipliant son intensité avec la nature des organes et l'accroissement des surfaces. La *décharge orale* est l'expression *parlée* des sentiments de l'Ame et la décharge *manuelle* est l'expression *mimique* des mêmes sentiments. Enfin le langage varie de temps, de lieu et d'intensité à mesure qu'il s'étend à tout l'individu.

On s'étonne parfois que des paroles ne se confondent pas au milieu de plusieurs conversations engagées dans le même salon ; la raison en est simple : les radiations verbales ne peuvent s'échanger que si elles sont de même type. De nombreuses lignes peuvent se croiser en tous sens sans se confondre parce qu'aucune d'elles ne ressemble aux autres ; chacune d'elles n'a jamais que ses deux moitiés qui soient complémentaires l'une de l'autre. Plusieurs courants peuvent aussi voyager côte à côte dans le même fil sans se confondre. Tel un étranger, isolé dans une société dont il ne connaît pas la langue ; il a beau parler, on a beau lui répondre, les radiations verbales n'échangent pas leurs signes ; elles sont récoltées par d'autres à qui elles ne s'adressent pas mais qui sont de même type. Aussi assistons-nous à des phénomènes télépathiques qui nous semblent incompréhensibles parce que nous ne parlons pas la même langue les uns que les autres.

Du son de la voix au son instrumental il n'y a qu'un pas. Si on veut bien écouter avec moi le duo de flûte et de piano qui se joue dans cette salle, et observer comme moi avec les yeux de son esprit, on verra des *effluves magnétiques de différentes couleurs* sortir des lèvres du flûtiste et des doigts du pianiste pour aller porter aux auditeurs ces harmonies qui les enchantent. Chacune de ces effluves musicales apportées par l'air est un morceau de leur âme qu'ils échangent avec la nôtre dans la plus suave des combinaisons.

CHAPITRE VIII

---

§ I. — Genèse des Sentiments d'Amour et d'Amitié.

Comment naît l'*Amour*?

Labruyère a écrit que l'amitié se forme par un long commerce et que l'amour naît subitement. J'ajoute qu'il naît *périphériquement*.

L'amour naît par la vue, par l'ouïe, par l'odorat, par le goût, par le toucher, par le maintien, par les gestes, par le costume, par les dessus, par les dessous, en un mot par tous les rayonnements qui viennent de l'extérieur se combiner avec ceux de l'intérieur, car il naît de la combinaison des effluves rythmées qui s'échangent à la surface et au dedans du corps entre un sexe et l'autre pendant un entretien.

Les rayonnements célestes qui baignent les deux êtres rebondissent sur eux de toutes parts, se réfléchissent dans leurs yeux, s'y réfractent et s'y polarisent en leur communiquant leur pouvoir rotatoire dextrogyre et lévogyre qui bouleverse alors les deux âmes avec une intensité variable comme la couleur, la transparence, l'éclat, la forme, la grandeur des yeux et la durée de l'entretien. Il suffit de rappeler avec quelle facilité l'amadou s'enflamme aux rayons d'une lentille pour comprendre comment la fixité du regard peut incendier deux âmes qui se trouvent au foyer. Si on ajoute encore à ces sensations visuelles toutes celles qui sont issues des autres sensations antagonistes, on ne sera pas surpris que l'intensité passionnelle puisse s'accroître jusqu'à jeter les deux êtres dans les bras l'un de l'autre.

L'entretien se termine par l'échange des signes avec séparation des facteurs que la polarisation rotatoire découple, ainsi qu'on l'a vu plus haut ; il y a renversement et rupture de courant.

Mais, de même que les parties de billard, les entretiens d'amour veulent être répétés ; de là la genèse du sentiment que nous nommons *le désir* et qui naît, lui aussi, des sollicitations extérieures.

Désir de nos mains avides de répéter une partie de billard pour y faire montre d'habileté, sentiment que nous exprimons vulgairement en disant d'elles qu'*elles nous démangent !* Désirs de nos yeux et de nos oreilles avides de revoir, des visages chers et d'entendre des paroles tendres ! Désirs d'amour, passion de rut, que nous avons transformés en plaisirs abusifs faute d'en avoir compris la noble portée ! Désirs appétitifs de nos cellules stomacales qui nous crient à la faim, à la soif, pour s'accroître et se multiplier ! Désirs enfin de tous nos organes, mécanismes agissants et conscients de la machine humaine reliés par les muscles et les nerfs au pouvoir central de notre individualité !

Faisons maintenant naître l'*amitié*, autre *produit* d'un rayonnement à deux.

Entrons dans ce salon ; nous arrivons bien à propos car la maîtresse y présente l'une à l'autre deux personnes jusqu'alors inconnues l'une de l'autre.

Les voici qui se regardent, s'approchent, se parlent en échangeant leurs signes, et qui bientôt se quittent en se serrant la main sur la promesse de se revoir. La promesse de se revoir ! Autant dire que ces deux inconnus, étrangers l'un à l'autre il n'y a qu'un instant, sont maintenant pénétrés d'une estime réciproque et qu'un germe d'amitié vient de naître en eux.

Cette réciprocité va plus loin qu'on ne pense.

Elle démontre d'abord la dualité de ce germe amical puisque chacun des deux facteurs, en se quittant, en emporte une moitié qui est positive + chez celui-ci et négative — chez celui-là.

Caractérisons cet antagonisme.

Ces deux moitiés sont un couple ou unité ; elles constituent une espèce à deux genres contraires d'un type particulier, d'une forme, d'une grandeur, d'une valeur et de caractères sexuels bien déterminés. Issues l'une de l'autre et construites l'une pour l'autre, comme la clef l'est pour la serrure, elles ne peuvent s'opposer qu'entre elles, aussi bien pour s'unir que pour se désunir. En effet, le sentiment d'amitié qui naît entre deux personnes a un caractère individuel qui ne peut se manifester qu'entre elles. Chacune d'elles porte en elle l'image de l'autre chargée de son signe magnétique antagoniste qui a sa couleur et sa longueur d'onde, et c'est, je le répète, de cette charge dynamique que naîtront désormais le souvenir et le désir dont les manifestations sont liées à la rencontre de ces deux moitiés créées pour se rapprocher et se comprendre.

Cette image n'est pas simple, on le pense bien ; elle est, en effet, composée de toutes les images visuelles, auditives, olfactives, tactiles ou cutanées qui se sont formées chez les deux facteurs pendant qu'ils rayonnaient l'un sur l'autre. C'est donc une collectivité qui constitue la pensée d'amitié. De fait, la pensée d'amitié représente un ensemble qui s'étend à un individu aussi bien qu'à plusieurs ou même à tout un peuple ; elle est donc tout à la fois simple et composée, limitée et illimitée.

Ce n'est pas tout. Si nous appelons A et B ces deux amis d'une heure, on voit que A qui est à gauche, a emporté l'image droite de B, tandis que B, qui est à droite, a au contraire emporté l'image gauche de A. Mais il faut réfléchir que A et B ont chacun un cerveau qui est, lui-même, constitué par deux hémisphères cérébraux, en sorte que chaque hémisphère cérébral reçoit aussi sa moitié d'image. Il en résulte que les deux hémisphères de A sont chargés, l'un de la moitié positive + et l'autre de la moitié négative − de l'image de B, tandis que c'est tout le contraire pour B qui porte en lui les deux moitiés négative − et positive + de A. Je pourrais aussi bien dire, sous une autre forme, que les quatre hémisphères cérébraux de A et B, similaires des quatre lobes d'une noix, représentent chacun 1/4 de leur image totale.

Ce phénomène est d'autant plus remarquable qu'il s'identifie avec le phénomène de la marche croisée des courants magnétiques terrestres qui se croisent aussi d'un hémisphère à l'autre, tant il est vrai que la loi du mouvement électro-magnétique est universelle.

Cette notion permet d'expliquer sans difficulté le fonctionnement mécanique de la *mémoire*.

§ II. — Mécanisme de la Mémoire

Toutes les fois qu'une contraction musculaire volontaire ou involontaire de l'un ou l'autre facteur, de A par exemple, viendra mettre face à face les cellules mnémoniques de ses deux hémisphères cérébraux gauche et droit, dont l'un, je l'ai dit, porte la moitié positive + et l'autre la moitié négative — de l'image de B, il suffira qu'un rayonnement extérieur du même type que le rayonnement créateur vienne les faire vibrer pour que le phénomène initial se répète : A reverra ainsi l'image de B. Quand le rayonnement entrera par les yeux, il fera naître une image visuelle ; lorsqu'il frappera les oreilles, il reproduira une image auditive ; et, s'il pénètre par les narines, il répétera une image olfactive.

L'expression de *Mémoire* est synonyme de répétition d'actes et de phénomènes déjà nés d'un premier conflit, mais il est bien évident que ces répétitions ne peuvent jamais être absolument identiques aux types générateurs par suite des changements incessants que subissent à la fois le Dynamisme et le Mécanisme aussi variables l'un que l'autre dans l'Espace et dans le Temps. Aussi constatons-nous à regret que nos souvenirs sont de moins en moins vifs avec l'âge et qu'ils s'effacent même tout à fait. Ces changements journaliers sont assez naturels pour n'avoir pas besoin d'une explication ; mais il n'en est pas de même des modifications accidentelles et pathologiques que peut subir notre mémoire qui est parfois faussée ou même tout à fait perdue, sans que les explications qu'on en donne satisfassent l'esprit. Or, je vais montrer que mon système se prête à une explication aussi simple que rationnelle des phénomènes d'amnésie.

Je ne m'attarderai pas aux exemples de cet écolier qui, perdant le fil de sa leçon, fait mentalement retour en arrière pour reprendre sa phrase par le commencement dans la voie redevenue libre de visions non fixées ; ou de ce bibliothécaire qui, oubliant chemin faisant ce qu'il est venu chercher, s'en retourne à son point de départ afin de se soumettre de nouveau aux rayonnements locaux répétiteurs de la première image ; ces phénomènes d'amnésie passagère son aussi fréquents que connus.

Mais j'irai droit au but, en m'adressant aux cas pathologiques dont on cherche en vain l'explication.

On a vu, par exemple, des amnésies prolongées se déclarer à la suite de commotions violentes, ou de chocs, et disparaître à la suite de très grandes émotions, ou même d'un autre choc. M. Ribot a cité le cas d'un femme qui, ayant perdu la mémoire par suite d'un accident, la recouvra d'abord peu à peu, puis ensuite tout d'un coup après une émotion violente.

Qui n'a déjà saisi le phénomène et compris que la double image positive + et négative — de ses deux hémisphères cérébraux ne s'accordait plus après la première émotion, mais qu'elle se raccordait après la seconde ?

Sous l'effet de la première commotion violente, les cellules mnémoniques de l'un des hémisphères ou même de tous les deux s'étaient déplacées et leurs deux moitiés d'empreinte ne concordaient plus ; le mécanisme était faussé, de sorte que la combinaison du mécanisme avec le dynamisme ne pouvait plus se faire normalement ; de là une image confuse, de travers ou bien même d'autres images à la place de la première : c'était la désharmonie du système primitif. Au contraire, la seconde émotion violente, produite en sens·inverse, avait remis en place les cellules et raccordé les empreintes qui avaient alors répété la première image : c'était le retour à l'harmonie du ménage.

Soit par irrégularité de conversion, soit par déformation plus ou moins complète des cellules mnémoniques et de leurs empreintes gauches et droites, le foyer n'était plus commun et les combinaisons dynamiques engendraient des images fausses, incomplètes ou confuses.

Lorsqu'un savant reçoit un coup sur la tête au point d'en oublier son grec, qu'il retrouve ensuite en recevant un second coup de sens inverse, il faudrait être aveugle pour ne pas voir que c'est un redressement de la marionnette qui, cognée à droite et recognée ensuite à gauche, reprend son équilibre pour helléniser.

Il n'y a donc pas à chercher, le mécanisme

de la mémoire peut être luxé tout comme celui de nos autres organes et les images peuvent alors être renversées comme dans les cas de dépersonnalisation.

Telle est sommairement ma conception mécanique de la *Mémoire*.

Mais il résulte de cette interprétation que les deux moitiés de notre corps, qui sont la contre-partie l'une de l'autre, doivent s'accorder mathématiquement sur le plan facial, sur le plan latéral et sur le plan transversal, pour que les courants qui les traversent puissent se croiser à l'aller et au retour dans chacun de ces trois plans. Quelles que soient nos images sensationnelles, elles sont toujours doubles, droite et gauche ; il faut donc que chacune de leurs moitiés se repère exactement sur chaque face d'un plan pour qu'il y ait unité de sensation.

J'ai fait naître l'amour, l'amitié, parlé de la mémoire ; je veux encore montrer quel est le mécanisme de notre volonté et ce qu'il faut entendre par sa constitution.

§ III. — MÉCANISME DE LA VOLONTÉ

Promenons-nous dans ce jardin et allons vers cette statue qui nous appelle au fond de cette allée. Nous y allons spontanément, c'est entendu ; mais sous l'empire de quelle force et de quelle façon ? Le sujet vaut bien qu'on l'analyse ; suivons-en les détails.

Les rayons lumineux + et obscurs —, (droits + et gauches — si on le préfère), qui frappent la statue et la baignent de toutes parts, arrivent à nos yeux dans le sens de l'horizon → pour y fixer l'image réfléchie ; ils se combinent avec nos radiations cérébrales, nous dynamisent et nous remmènent ← en sens inverse devant la statue par un double mouvement de nos deux pieds qui se lèvent ↑ et s'abaissent ↓ sur le sol dans le sens de la verticale.

Cet examen nous permet ainsi de découvrir très simplement que nous sommes sollicités par deux forces contraires, l'une horizontale d'aller et de retour ⇄ qui dynamise nos yeux, l'autre verticale d'aller et de retour ↑↓ qui dynamise nos pieds. Les rayons entrent par nos yeux, ressortent par nos pieds et retournent à la statue à laquelle ils nous relient par un système couplé de va et de revient croisé en ∞ et en 8, qui est un perpétuel mouvement. C'est comme si nous étions attelés par un fil invisible à la statue qui nous tire alternativement par la tête et par les pieds pour nous amener à elle. Le rayonnement céleste nous balance comme il balance la terre dans son grand mouvement de nutation, et tous les échanges de signes se font à notre insu par l'intermédiaire de l'air et par celui du sol. Le cerveau reçoit l'impression et la transmet au corps qui exécute ; mais il y a des cerveaux, ou même des yeux et des corps, qui sont plus ou moins rebelles.

Chaque pas fait en avant est le produit d'une double vibration lumineuse et obscure reçue par les yeux et transmise au cerveau qui la renvoie aux pieds ; autant de vibrations et autant de coups de piston par 1/2 ondes alternantes qui nous amènent enfin aux pieds de notre objet que nous analysons et contemplons parfois jusqu'à l'extase, suprême couronnement de l'acte psychique. Les phénomènes s'inversent alors et nous nous éloignons après l'effet produit. N'est-ce pas là, je le demande, l'acte d'amour avec naissance en nous d'une pensée d'estime ou de dédain pour la statue et son auteur ?

Quel est alors le rôle de notre volonté dans cet amour psychique et qu'est-ce que la volonté ?

C'est bien simple : le sculpteur a mis son âme dans sa statue, en la chargeant de ses pensécs les plus nobles ; chaque coup de pouce, d'ébauchoir ou de ciseau représente ces pensées par des creux et des reliefs que le rayonnement céleste, avec sa lumière et ses ombres, n'a plus qu'à transférer et combiner en nous suivant l'expression qu'y a mise leur auteur. La statue représente donc la *volonté positive* + d'un masculin qui nous actionne, tandis que nous sommes la *volonté négative* — d'un féminin subissant cette action ; c'est de cette union psychique que naît en nous la pensée d'estime ou de dédain.

Qu'il y ait, dans cet acte psychique, deux volontés en présence, celle du statuaire et la nôtre, l'une active et l'autre passive, voilà qui se comprend. Mais votre volonté, la mienne, qui n'appartiennent qu'à vous et à moi, ont-elles donc aussi chacune leur dualité ? Assurément, car il faut vouloir une chose et ne plus la vouloir pour réaliser un acte. Pour le démontrer, je vais écrire sur ce papier le chiffre 1, en priant le lecteur de bien vouloir répéter le travail pour mieux en suivre tous les détails.

Notre crayon s'abaisse, se pose sur le papier, s'y décharge et le charge pour y tracer le chiffre, et il se relève enfin quand le travail est achevé, ce qui revient à dire que le courant dynamique de notre volonté s'élance du cerveau, passe par notre main dans le crayon qui obéit et revient ensuite au cerveau quand l'acte est accompli.

Les rôles individuels sont faciles à déterminer : le crayon est l'interprète de notre volonté, le papier est son support et le chiffre en est le produit. Ce germe est l'expression condensée et *matérialisée* de notre volonté ou la représentation *substantialisée* de notre pensée ; il en est la forme et il en est le corps indispensable à sa manifestation ; il est donc tout à la fois corporel et mental.

Il est clair que cet organisme ne peut avoir de vie propre que lorsqu'il n'est plus en dépendance de puissance paternelle, c'est-à-dire quand tout rapport a cessé entre le crayon et le papier, ses deux générateurs, par l'interruption du courant. Emancipé par cette rupture, doté par ses auteurs de la polarité négative — et positive +, ayant une valeur intrinsèque, une figure typique et un nom patronymique, qualités natives et héréditaires, il peut alors évoluer seul dans le Cosmos.

Cette évolution, nous la connaissons par ce qui précède. Les rayons atmosphériques animent ce chiffre de leur potentiel de réflexion pour aller ensuite répéter au cerveau son type, sa grandeur, sa valeur, son nom, en un mot tout ce qui constitue l'image de la pensée créatrice. Mais ce que nous ignorons, c'est l'inversion du Dynamisme dans les deux actes si différents d'écrire et de lire un chiffre. En effet, lorsque nous écrivons un chiffre, le courant dynamique de notre volonté va de notre cerveau à notre papier, tandis qu'il va du papier au cerveau quand nous le lisons; c'est-à-dire que, dans ce double exemple, l'émission de la pensée se fait de l'intérieur à l'extérieur, tandis que sa transmission marche de l'extérieur à l'intérieur.

J'exprime cette loi dynamique en disant que *l'émission de la pensée se fait toujours en sens inverse de sa transmission.*

Quelle est alors la *constitution de la volonté* ?

Un examen attentif démontre d'abord que l'échange des signes entre le crayon + et le papier — correspond au double principe inverse de l'action et de la réaction. En effet, à l'aller du courant dynamique de la volonté, le cerveau rayonne du *noir* sur le papier qui réfléchit du *blanc* sur le cerveau par suite de l'échange des signes et du renversement du courant. Une modification contraire s'accomplit donc en sens inverse à chaque extrémité du courant : au dehors, le papier prend de l'activité en échange de sa passivité ; au dedans, le cerveau perçoit de la passivité à la place de son activité.

De la passivité cérébrale à l'autre extrémité du courant ! Qu'est-ce là ?

— C'est une manifestation de pensée.

— Et quelle est cette pensée ?

— Qui elle est... ? Hé bien, c'est l'autre moitié de la volonté ou *volonté négative* —, c'est-à-dire l'antagoniste de la *volonté positive* + ; celle qui revient en arrière ◂— parce qu'elle ne veut plus écrire *puisque le crayon refuse de travailler sur le papier par le renversement du courant*, au contraire de celle qui marche en avant —▸ parce qu'elle veut écrire, *puisque le crayon s'actionne sur le papier avec le courant d'aller*. C'est la pensée du *non-vouloir* ou *Nolition* sans laquelle la pensée du *Vouloir* ou *Volition* ne pourrait faire un acte. L'une est la volonté primitive ou mâle, qui commence le chiffre pour le voir finir ; l'autre est la volonté finale ou femelle qui achève le chiffre pour le voir recommencer ; celle-ci a ses manifestations blanches, invisibles et intérieures ; celle-là les a noires, visibles et extérieures. En un mot, toutes deux rayonnent au rebours l'une de l'autre et ce couple antagoniste constitue une *unité psychique*, celle de la

Volonté, dont la structure est bi-polaire, positive + et négative —. L'unité psychique de la Volonté est entièrement assimilable à une onde physique de deux vibrations contraires et complémentaires l'une de l'autre.

Les exemples que je viens de donner concernent les faits de la *conscience éveillée*, mais il y a aussi les faits de la *conscience endormie*, tels, par exemple, ceux des hypnotisés, des somnambules et autres inconscients. Ce rapprochement m'amène donc à parler du sommeil et des phénomènes merveilleux du magnétisme animal que je me propose de ranger sous les lois de la Physique, en montrant que les visions, les apparitions de fantômes, les bruits et soulèvements de tables tournantes ne sont que des phénomènes de mirage, de polarisation rotatoire, d'attraction, de répulsion, etc.

Certes, la Science nous a bien parlé des *mirages optiques*, mais que nous a-t-elle dit des mirages *auditifs*, *olfactifs*, *cutanés* et autres ? Cette lacune n'est d'ailleurs pas la seule car il y a deux sortes de mirages optiques : les uns *lumineux* et *diurnes* ; les autres *obscurs* et *nocturnes*. Or, que nous a-t-on dit du rapport de ces derniers avec nos *rêves* et nos *visions* qui sont les phénomènes *optiques* de l'obscurité ?

CHAPITRE IX

§ I. — LE SOMMEIL NATUREL. LE SOMMEIL
ARTIFICIEL.
§ II.— EXPLICATION DES PHÉNOMÈNES D'HYPNOSE,
DE SOMNAMBULISME ET DE TÉLÉPATHIE.

---

§ I. — LE SOMMEIL NATUREL. LE SOMMEIL ARTIFICIEL

Qu'est-ce donc que le sommeil ?

« Si nous demandions à un enfant de nous
« le définir, il nous répondrait simplement que
« le sommeil est le contraire de la veille, car,
« ajouterait-il, nous fermons les yeux pour
« dormir et nous les ouvrons pour nous réveiller.
« C'est, dirait-il encore, en songeant à sa gram-
« maire, comme un verbe passif qui fait suite à
« un actif. Ce raisonnement aurait du moins
« pour lui, je m'en rapporte aux juges, quelque
« apparence de vérité.

« Physiologiquement, le sommeil est à peine
« connu ; nous savons cependant que la vie
« n'est pas interrompue, que la respiration a
« toujours lieu et que nos combustions se pour-

« suivent. On s'accorde encore à reconnaître
« qu'il n'y a pas de combustion sans rayonne-
« ment et à penser que c'est le rayonnement de
« ces combustions qui dynamise notre corps,
« en lui donnant son activité volontaire. Or, si
« la vie n'est pas éteinte pendant notre sommeil
« et si nos combustions se poursuivent aussi
« pendant la nuit, que devient donc le rayonne-
« ment dynamisateur de ces combustions noc-
« turnes et à quoi s'emploie-t-il ?

« Alors, quand je considère que la chambre
« noire retourne les images redressées par la
« blanche (*chambre claire*), je me dis que l'obs-
« curité retourne aussi l'oxygène atmosphéri-
« que que nous respirons pendant la nuit, en
« lui donnant des vertus somnifères qui durent
« jusqu'au matin, moment où la lumière l'in-
« verse de nouveau en lui apportant des pro-
« priétés de réveil, qui se prolongent jusqu'au
« soir.

« De deux choses l'une : ou bien c'est la
« lumière du jour qui ouvre nos paupières pour
« impressionner nos yeux de visions positives —
« et alors l'obscurité de la nuit doit aussi clore
« nos paupières pour impressionner nos yeux
« de visions négatives — ; ou bien c'est l'oxygène
« nocturne inversé par l'obscurité qui cause le

« sommeil, et alors l'oxygène diurne redressé
« par la lumiere doit déterminer en nous le
« phénomène contraire du réveil. De là des
« sensations nocturnes et involontaires, passives
« et imaginaires, en opposition avec les sensa-
« tions diurnes et volontaires, actives et réelles,
« c'est-à-dire des rêves, des hallucinations,
« sortes de *visions obscures* dont nous gardons à
« peine le souvenir parce qu'elles ont lieu sans
« le secours de notre Volonté par un renver-
« sement du courant qui nous rend incons-
« cients.

« Bref, soit directement parce qu'elle culbute
« les organes et les sens de notre machine, soit
« indirectement parce qu'elle inverse *la vapeur*
« de l'oxygène qui change à son tour le méca-
« nisme et la nature des sensations, soit même
« encore grâce à une double action combinée,
« l'obscurité est la dispensatrice du sommeil et
« l'agent de nos sensations inconscientes.

« Pourtant, je vois encore quelque chose de
« plus dans ce fait si simple du *décubitus* ou
« coucher de l'homme, quelque chose qui est
« comme une *orientation :* le mode de station de
« l'homme change son magnétisme, en inver-
« sant le sens de sa circulation sanguine, car
« elle est verticale ↓ quand il se tient debout

« (fig. 28) et horizontale —→ lorsqu'il est couché
« (fig. 29).

Fig. 28.
Station verticale.

Fig. 29.
Station horizontale.

« L'homme qui marche pivote
« sur ses deux pieds, l'homme
« qui dort pivote sur ses deux
« côtés ; le fleuve roule en large
« et sommeille horizontal au mi-
« lieu de son lit. Dans les vingt-
« quatre heures, ses courants se croisent d'une
« position à l'autre avec ceux
« de la Terre, et, tout comme
« le Globe en sa rotation, ils
« ont quatre pôles et quatre
« points cardinaux (fig. 30).

» L'homme est un astre qui tourne ; il se
« lève et se couche ou décline
« à l'instar du Soleil, grand
« inducteur du Monde. C'est
« une petite planète qui a ses
« jours, ses nuits, ses solstices
« et ses équinoxes, son équa-
« teur et ses tropiques, son
« magnétisme, ses minéralisa-
« tions et ses végétations, voire même ses ani-
« malisations.

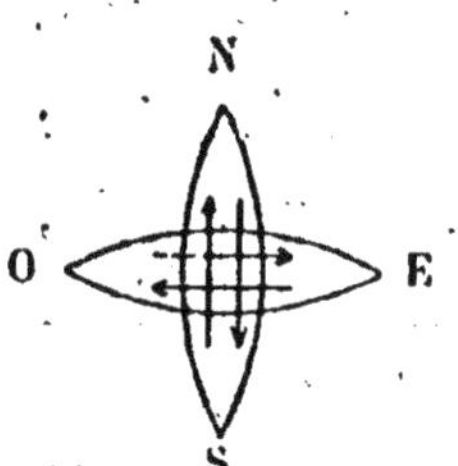

Fig. 30.

« Une charpente animale qui est horizontale
« au lieu d'être verticale, avec un décubitus

« latéral tantôt droit et tantôt gauche, dont
« l'appareil respiratoire est en latitude au lieu
« d'être en longitude, en un mot une machine
« dont tous les organes sont inversés pour un
« jeu différent ! 'Un changement simultané des
« magnétismes du Globe, de l'homme et de
« l'oxygène qu'il respire, conséquences d'une
« radiation céleste qui est obscure parce que
« son courant a lui-même changé de direction,
« bref un dynamisme inversé comme le méca-
« nisme lui-même, telles sont les véritables
« causes du Sommeil naturel. Le Sommeil est
« un attribut de la *Force noire, négative* ou
« *magnétique.* »

(Le Positif et le Négatif. — 1890.)

En résumé, le Sommeil — est un travail
mécanique continuateur et complémentaire de
celui de la veille +. Celui-ci est un travail
diurne, debout ou *vertical,* celui-là un travail
nocturne, couché ou *horizontal,* et leurs vibrations positives + et négatives — engendrent
toutes les 24 heures des *ondes nyctimères* rythmées, constitutives des jours, des semaines,
des mois et des années de notre existence qui
sont des unités de grandeur supérieure.

§ II. — Explication des phénomènes d'Hypnose, de Somnambulisme et de Télépathie

Cependant les Anciens nous ont appris dans leurs récits mythologiques que Morphée savait prendre plusieurs formes. Ainsi le Sommeil peut être léger ou lourd, naturel ou artificiel, hypnotique, somnambulique, cataleptique ou encore léthargique ; il y a même le Sommeil éternel. Ce n'est pas tout, il peut être partiel ou général, s'étendre à un organe ou bien à tout le corps : ainsi un seul ou plusieurs membres sont parfois au repos, engourdis ou même paralysés. De même que la veille, la somniation est donc un phénomène à plusieurs degrés ; j'ajoute encore qu'il y en a d'autant de sortes que de sortes de rayons spectraux, car la somniation est à la veille ce que la chaleur obscure est à la chaleur lumineuse.

Qu'est ce alors que l'*hypnose* par rapport au Sommeil ?

En principe, toutes nos cellules, cérébrales ou autres, sont mobiles et douées de la faculté rotatoire dans un sens ou dans l'autre ; or il est conforme aux données de la Science qu'un déplacement moléculaire puisse accroître ou diminuer les propriétés d'un corps.

Si on veut bien se rappeler qu'on produit l'hypnose à l'aide d'un miroir et observer que les yeux du patient sont alors *strabiques*, c'est-à-dire qu'ils doivent nécessairement déterminer le strabisme des cellules qu'ils entraînent avec eux dans leur mouvement, on comprendra sans peine que les réflexions du miroir combinées aux radiations du patient puissent immobiliser ses cellules dans cette nouvelle position où leurs facultés psychiques acquièrent un degré d'acuité qui n'a plus de limites.

L'hypnose résulte donc du déplacement des cellules cérébrales qui sont orientées dans une autre direction que celle de la normale. Ce n'est pas une inversion générale de l'organisme comme dans le sommeil naturel ; c'est une inversion partielle du mécanisme cérébral, analogue mais non semblable à celle de l'inversion des cellules mnémoniques dans la perte de la mémoire par le choc.

Mais il y a cette différence que, dans la perte de la mémoire par le choc, les cellules sont inégalement déplacées dans les deux hémisphères cérébraux, de sorte que leurs deux moitiés d'image gauche et droite ne concordent plus, tandis que dans l'hypnose, les cellules des deux hémisphères cérébraux révolutionnent de part et d'autre du même nombre de degrés et se trouvent toujours en accord parfait, à gauche aussi bien qu'à droite, pour fonctionner avec une supériorité qu'on pourrait appeler l'*idéal de la perfection*. En un mot, malgré le changement d'orientation cellulaire, le mécanisme fonctionnel des deux hémisphères est repéré dans l'hypnose. En cet état, il n'est plus accessible aux mêmes combinaisons qu'à l'état normal.

Il en est tout autrement de ces somnambules qu'on fait rire du côté gauche et pleurer du côté droit, en leur parlant simultanément à l'une et l'autre oreille ; leur mécanisme est scindé dans son unité d'origine, car la communication est interrompue au milieu du chemin : les courants ne vont plus et ne reviennent plus d'un hémisphère à l'autre. Au lieu d'un grand système travaillant à un grand effet en communauté de fonction, il y a deux petits systèmes étrangers l'un à l'autre qui travaillent séparément à un petit effet suivant la direction qu'on donne à chacun d'eux.

Des figures shématiques, empruntées à « *l'Amour dans l'Univers* », vont bien faire comprendre les choses, et elles vont aussi démontrer la dualité du rire et celle des larmes, puisqu'il faut deux rires, droit et gauche, pour faire rire une bouche et pour avoir ainsi l'unité du rire, ou bien inversement pour avoir l'unité de tristesse (fig. 31).

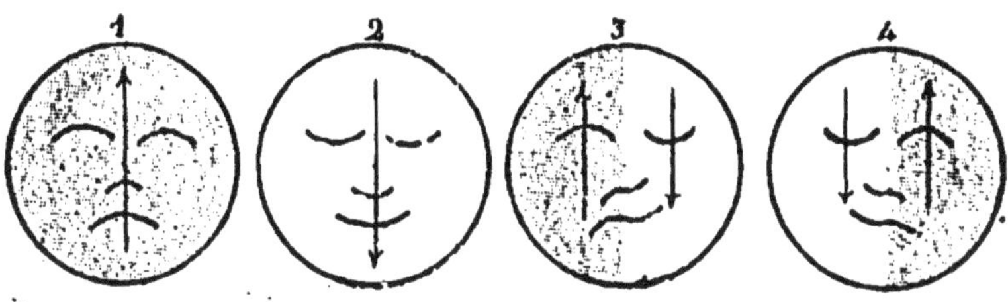

Fig. 31.

Unité du moi dans la route des larmes	Unité du moi dans le chemin du rire	Dualité du moi ou les deux routes dans la même figure	Dualité du moi ou les deux routes dans la même figure
—	+		

Les deux hémisphères cérébraux 1 et 2 travaillent *couplés en dépendance l'un de l'autre* dans le chemin de larmes et dans la route du rire ; c'est l'harmonie du couple.

Les deux hémisphère cérébraux 3 et 4 travaillent *en indépendance l'un de l'autre* ; c'est chacun pour *son* compte et non plus pour *leur* compte, ou la désharmonie du couple. Le grand *moi* n'est plus. On peut faire rire ou pleurer chaque moitié de la machine, mais non la machine entière. Un hémisphère cérébral est donc une petite pile par rapport à un cerveau qui est une grande pile ou une unité d'ordre supérieur : réduit à sa 1/2 grandeur, il ne dynamise plus qu'une moitié d'homme ou de figure, ainsi qu'on l'observe chez les hémiplégiques. Le mécanisme normal est dépolarisé.

Quel que soit le mode opératoire mis en œuvre pour déterminer l'hypnose, que le phénomène soit produit par les réflexions d'un miroir, par les vibrations instrumentales d'un gong ou par celles suggestionnantes de la parole, il n'importe : l'hypnose est le produit de la combinaison de ces vibrations extérieures avec celles intérieures des organes du sujet ; cette combinaison fait jouer son mécanisme cellulaire en relation avec le système nerveux et vaso-moteur et c'est elle qui détermine l'hypnose. Ce phénomène peut être instantané aussi bien qu'engendré par une suite périodique de petits échanges ; mais il est bien certain qu'il ne peut jamais avoir lieu qu'entre facteurs équivalents et de même type.

Le double fait qu'on peut à volonté métamorphoser un aimant en fer doux ou un fer doux en aimant par une simple inversion de leur structure moléculaire, et qu'on peut aussi faire un hypnotisé d'un sujet normal ou ramener cet hypnotisé à l'état normal par une simple inversion de son mécanisme cérébral, me semble assez significatif en lui-même pour qu'on puisse assimiler les hypnotisés et les cataleptiques à des corps aimantés.

Il y a donc des êtres dont le mécanisme cellulaire local ou général peut, dans certaines circonstances naturelles ou artificielles, être orienté dans un tel état d'équilibre qu'il vibre alors sous l'influence de radiations spéciales, invisibles et totalement étrangères aux autres états d'équilibre et d'orientation.

En un tel état, ils peuvent voir, entendre ou sentir à des distances invraisemblables, apercevoir des fluides lumineux et de couleur qui sont invisibles pour d'autres, entendre des coups à l'intérieur de meubles, voir soulever ces meubles et même leurs personnes qui restent suspendues pendant quelques instants, avoir la vision de fantômes, recevoir leurs caresses, extérioriser leur sensibilité, communiquer avec des morts, lire dans le passé, prédire l'avenir, etc.

La Science connaît bien ces phénomènes que longtemps elle a niés et qu'elle consent enfin à étudier, mais cependant elle ne veut encore voir dans ces faits qu'une exaltation maladive ou même une dégénérescence intellectuelle des sujets qu'il faut soigner et guérir ; elle ne soupçonne pas, hélas ! que leur acuité mentale est de *l'intelligence transcendante* portée chez eux à sa plus haute puissance par la perfection de leur mécanisme local ou général. Les guérir de ce qu'ils voient trop bien ou entendent trop clair, c'est-à-dire démolir leur mécanisme !

En vérité, ô homme, que t'a donc fait ton Créateur pour que tu le comprennes aussi mal ?

Pour moi, je prends leur défense et n'ai pas assez d'admiration pour l'organisation d'êtres qui ont le pouvoir de s'exprimer ou de lire dans une langue qui leur est inconnue, de deviner le passé et de prédire l'avenir. Je vois même dans la fréquence de ces phénomènes, qui se multiplient avec l'âge des siècles, un témoignage de l'accroissement incessant de notre Force psychique. Il est impossible, en effet, que le Créateur ait donné à l'homme une âme avec des limites qu'elle ne saurait franchir et qu'il nous ait condamnés à vivre dans une ignorance stupide et révoltante de l'Absolu. Si docile qu'elle soit, la raison s'insurge à la pensée du contraire. Le développement graduel de la conscience chez l'enfant à mesure qu'il devient homme, les progrès sans cesse croissants que celui-ci accomplit ensuite dans tous les domaines des Sciences, des Lettres, des Arts, de la Civilisation et de l'Industrie, attestent que notre conscience, loin d'être décadente, suit au contraire une marche ascensionnelle. Sans vouloir soutenir que l'humanité n'en soit encore qu'à l'âge adulte, je crois du moins qu'elle est bien loin d'avoir atteint sa glorieuse apogée.

Aussi, par quelle sage raison peut-on donc douter de la transmissibilité de la pensée à distance quand nous savons déjà lire dans les yeux d'une personne ce qu'elle pense au cours d'un entretien, et quand nous pouvons encore, par la voie télégraphique ou bien même par celle des messageries maritimes, échanger notre correspondance à travers l'Air, les Océans et la Terre, avec les personnes que nous interrogeons pour avoir de leurs nouvelles et connaître leurs pensées ? Le phénomène est-il moins réel que celui de la transmission télégraphique avec ou sans fils ? Hormis la vitesse et les organes de transmission, où est la différence ? Les échanges de pensées se font en quelques instants dans l'entretien de deux personnes qui se regardent, en quelques heures dans la conversation par fil ou sans fil télégraphique, et en quelques semaines dans la correspondance par messageries maritimes ; mais les intermédiaires et les supports du Dynamisme ne sont-ils pas toujours l'Air, l'Eau et la Terre ?

Dé même encore, pourquoi cette répugnance à croire aux visions de fantômes, quand il n'est personne de nous qui n'ait chaque jour les siennes ? Est-ce que le géomètre qui va tracer *un angle*, l'architecte qui va faire le *plan d'une maison*, ou l'artiste qui va peindre une *figure* sur sa toile, n'ont pas d'abord la vision de *ces fantômes cérébraux* ? Vient-il donc à l'esprit de quelqu'un d'en douter ou de les disqualifier, lorsqu'ils nous en parlent avant d'avoir fixé cette conception psychique sur le papier ou sur la toile ? Et alors.. ?

La vérité est que tous les faits du domaine merveilleux sont des phénomènes vibratoires engendrés par des combinaisons de grandeurs déterminées qui n'ont lieu qu'entre des mécanismes et des dynamismes assortis, c'est à-dire de types équivalents et complémentaires les uns des autres. Ainsi, par exemple, une machine de 40 chevaux de résistance ne joue pas sous une puissance de 39 chevaux vapeur, et une vis ne pénètre dans un écrou que s'ils sont taraudés inversement de même *pas* ; bien plus, elle n'y pénètre que si la force qui les unit est de même grandeur. Or ces conditions ne sont pas toujours remplies ; de là tant d'insuccès d'hypnotiseurs qui échouent avec certains sujets après avoir réussi avec d'autres, ou d'expérimentateurs qui ne réussissent avec aucuns. Ils ne sont pas de *même calibre* et la clef n'est pas faite pour la serrure.

Je vais développer cette notion, en interprétant d'abord quelques faits ; mais, si on a bien compris ce système, on voit déjà que la première condition pour expliquer un phénomène est de le ramener à *un couple.* Il n'y a donc pas à chercher ; il n'y a qu'à prendre des exemples.

On connaît l'histoire de ces deux frères éloignés l'un de l'autre, dont l'un meurt au milieu de la traversée, en revenant d'Amérique, au moment même où son frère perçoit en Europe la vision de sa mort. Que signifie cette communication de la pensée à distance ?

On l'a déjà compris. Ces deux frères étaient un couple mécanique et dynamique (*émetteur* et *transmetteur de pensées*) qui, construits l'un pour l'autre, *échangeaient entre eux*, par l'intermédiaire de l'Air, de la Terre et de l'Eau, *leurs vibrations psychiques de même longueur d'onde mais de signes et de sens contraires.*

Faut-il dire toute ma pensée ? Hé bien, je pense que la vibration psychique du frère au mourant avait dû revenir à celui-ci assez à temps pour lui faire savoir, ô suprême consolation de la dernière heure, que ses adieux déchirants étaient bien parvenus à leur destination.

Il y avait entre eux *synchronisme psychique* de même qu'il y a *synchronisme musical* entre les cordes de deux pianos ou les branches de deux diapasons, mâle et femelle, qui vibrent à l'unisson sous la seule influence du mouvement de l'un d'eux. Le Mécanisme et le Dynamisme antagonistes s'équivalaient de part et d'autre et le mouvement pouvait ainsi aller et revenir.

L'interprétation de certains faits dont quelques-uns se sont passés sous mes yeux n'offre pas plus de difficultés.

Il me souvient d'avoir assisté à une séance de somnambulisme. Une jeune fille, le sujet, fut hypnotisée ; on lui banda les yeux avec un foulard de soie noire et on lui remit ensuite l'enveloppe d'une lettre empruntée au hasard à l'un des assistants ; l'adresse en était écrite à l'encre noire en une langue étrangère. Alors, lentement, péniblement, mais assez exactement, elle déchiffra lettre par lettre l'adresse de cette enveloppe. La surprise était grande, mais l'assemblée était choisie et tout soupçon de connivence ou de supercherie devait être écarté.

Quel était ce mystère ?

Il y a plusieurs façons de l'expliquer.

On peut d'abord coupler le sujet avec l'hypnotiseur pour dire que celui-ci lit l'enveloppe de l'adresse et lui communique synchroniquement sa pensée comme dans l'exemple précédent des deux frères.

Mais on peut aussi coupler le sujet avec l'enveloppe, comme dans l'acte de lecture du journal, et dire que ce sont les rayons obscurs de l'éclairage de la salle qui, réfléchis par le papier, vont percer le foulard noir de leurs flammes noires et sybillines pour porter au cerveau phosphoré de cette hypnotisée l'impression de caractères blancs et de papier noir ou de caractères noirs et de papier blanc, comme on voudra.

Une illumination cérébrale avec transfert dynamique, voilà le phénomène !

On connaît, en effet, les expériences de Tyndall qui, après avoir arrêté les rayons *lumineux* d'un foyer électrique dans une auge de verre remplie d'une solution d'iode, a percé ce système noir (aussi impénétrable que le foulard) de rayons *obscurs* doués d'un pouvoir si extraordinaire qu'il a pu enflammer des allumettes, faire exploser de la poudre et brûler du magnésium [1].

---

1. — Voir la figure 4, p. 35.

Est-ce là une pure hypothèse ? D'autres faits vont répondre.

Braid a raconté p. 41 de son livre, qu'il avait fait monter et descendre les 22 marches de son escalier à une hypnotisée qui avait les yeux recouverts d'un bandeau, en approchant ou en reculant d'elle un entonnoir de verre choisi intentionnellement, dit-il, pour éviter toute communication électrique de sa personne à la sienne.

Or qui ne voit de suite que le verre agissait précisément comme un réflecteur de rayons obscurs et que ceux-ci, en se combinant avec les radiations du sujet, engendraient en lui des phénomènes d'éclairage à l'insu de l'opérateur ?

Melloni n'a-t-il pas démontré l'opacité du verre, et du cristal pour les rayons obscurs, tandis que le sel gemme et le cuivre sont au contraire transparents pour ces rayons ? Ne sait-on pas que les rayons x négatifs — ou cathodiques traversent tous les corps que ne pénètrent pas les rayons lumineux ?

Voici un fait de suggestion dont j'ai été témoin.

Certain soir d'oisiveté, je fus voir le célèbre prestidigitateur Isola, que tout Paris connaît, et j'assistai à son expérience du *poids* que je n'avais jamais vue. Elle ne figurait pas au programme, mais quelqu'un la demanda et j'en fus ravi car elle réussit à souhait.

Le magnétiseur mit en face de lui un patient, le fixa du regard après lui avoir fait saisir un poids de 10 kilos, et il exécuta de nombreuses passes à distance, en commandant à ce poids de peser progressivement 50 kilos, 100 kilos, 500 kilos, 1000 kilos. Ce fut l'affaire de quelques instants. Entraîné peu à peu par la surcharge du poids, épuisé, congestionné, magnétisé et ne pouvant plus ni lâcher son fardeau, ni même desserrer les mains, le patient dut bientôt être libéré par son opérateur. L'assistance était nombreuse, tout le monde admira et y passa, même certain spectateur incrédule et grossier qui fut enfin confondu et dut se retirer honteux après avoir demandé grâce, pendant que l'opérateur, applaudi, remerciait d'un salut les assistants émerveillés.

Voit-on bien ce qu'il y a dans cette anecdote ? Simplement le récit d'une aimantation avec contracture croissante d'un patient que dynamise un magnétiseur, et avec attraction croissante, *dite de pesanteur*, d'un poids que le sol appelle à lui.

Une analyse et une figure du phénomène pourront vaincre la surprise (fig. 32).

La figure représente le patient dans la position où il tient le poids soulevé ; il regarde fixement les yeux de l'opérateur placé en face de lui. La station n'est plus entièrement verticale ; le corps est incliné en avant, le dos est arrondi et les deux bras tendus en barres de fer serrent le poids avec force, poings fermés ; la tête et les yeux sont relevés vers l'opérateur. Tout ce système vivant ressemble à un aimant en forme de fer à cheval.

Dans cette posture la contracture vient vite ; encore quelques instants et la face va se congestionner par la tension du cou et par la gêne de la circulation sanguine.

Par un premier effort musculaire, le patient a saisi le poids qu'il serre à poings fermés en inversant ses muscles. Baigné dans le faisceau des rayonnements qui jaillissent des yeux, des paroles et des gestes du magnétiseur, en convergeant sur lui comme autant de lignes de forces, le patient suggestionné, magnétisé, se contracture. Plus on lui crie que le poids pèse, plus il se raidit pour le retenir en le serrant avec une énergie croissante. On dirait de deux mains attelées aux deux poignées d'une bobine d'induction.

C'est un électro-aimant vivant traversé en croix par un courant dynamique coercitif qui pénètre dans ses yeux, dans ses oreilles, et qui coule à flots dans ce mécanisme inversé, chargé à l'autre branche du fer à cheval d'un poids que *le sol attire avec une intensité croissante*. Les forces tendent à s'équilibrer et le cercle à se fermer. L'action s'égalise avec la réaction.

Voici maintenant un fait miraculeux arrivé à une bonne à mon service avant qu'elle ne fût chez moi. Ce récit la troublait toujours chaque fois qu'on le lui faisait raconter.

Sa première place à Paris fut chez une dame malade et presque infirme, aigrie par la maladie. Or, un jour que cette bonne était allée faire son marché, elle oublia sur sa table la clef de sa cuisine et dut, pour y rentrer, sonner sa maîtresse qui en fut courroucée et l'accabla des plus durs reproches. La malheureuse bonne en fut si bouleversée que la crainte de perdre sa place lui fit de nouveau oublier la clef, en allant chez le boulanger quelques instants plus tard. Elle ne s'en aperçut qu'au moment de rentrer. Prise alors d'effroi, mais très pieuse et confiante en la Vierge, elle croise ses deux mains et s'adresse à elle, en la priant de lui venir en aide. Soudain la serrure joue et la porte s'entre-bâille ; elle n'a qu'à la pousser pour entrer et voir avec saisissement la clef toujours en place sur la table.

Tel est le fait. Or je crois être dans la vérité en le qualifiant d'*attraction électro-magnétique*.

Contracté par la peur et raidi par la prière, ce corps de femme était devenu un électro-aimant vivant qui avait attiré le pène en fer de la serrure tout comme un puissant aimant attire un barreau de fer doux. Ce n'est pas parce que les mains ne sont pas en action qu'il faut refuser à la Force vitale le pouvoir d'attraction à distance ; le contact n'est pas indispensable et nous n'avons pas à nous faire violence pour admettre cette notion, car les faits de chaque jour nous démontrent sans réplique que les rayonnements d'une statue et les effluves magnétiques d'une femme, ou même leur souvenir, nous appellent souvent aux plus grandes distances.

Or l'aimant lui-même n'agit pas autrement puisque le phénomène d'attraction précède toujours celui du contact. Mais ce phénomène n'a lieu que dans certaines conditions déterminées, en un point particulier qu'on nomme *point focal* ; c'est là qu'est le nœud de croisement des rayons, là que se font encore les échanges de signes. Aussi observe-t-on qu'on entend mal ou pas du tout quand on est trop près ou trop loin du foyer auditif.

Les radiations célestes réfléchies sur le sujet s'étaient donc combinées avec celles magnétiques de sa personne, et leur faisceau de lignes de forces avait fait jouer le pêne de la serrure.

Quand je lis que de Reichembach impressionnait ses sujets d'une *aura* chaude ou froide suivant le sens de ses mouvements, en promenant du poignet aux extrémités de leurs doigts (sans contact avec leur peau) un aimant, un cristal de roche ou même l'extrémité de ses propres doigts, j'aperçois à l'instant comme des rayons électro-magnétiques qui s'élancent en faisceaux de son aimant, de son cristal de roche, ou même des capillaires de ses doigts (points extrêmes et polaires du renversement des courants humains) et qui vont se combiner avec les réflexions antagonistes de ses sujets en y produisant des sensations thermiques de chaleur ou de froid, suivant le sens de la marche dynamique [1].

A voir les réflexions célestes enflammer d'un amour insensé les regards de deux âmes qui se trouvent au foyer, ou bien même des fantômes Célestes (spectres de Brocken) apparaître au foyer des nuages, n'est-on pas en droit d'affirmer que les phénomènes occultes qu'on observe au foyer d'une salle d'expérience s'expliquent de la même façon ? J'imagine donc que tous les spectateurs rassemblés dans l'obscurité autour d'une table ou d'un *medium*, formant la chaîne main à main et fermant le circuit, sont comme autant de couples dynamiques traversés par un grand courant ou comme un grand *électroaimant animal ;* je pense aussi que tous ces spectateurs sont comme autant de miroirs réflecteurs qui se renvoient de l'un à l'autre les radiations croisées de la salle que chacun recueille suivant sa constitution mécanique et la nature de ses échanges de signes. De là des révolutions de tables, des soulèvements de pieds, des visions lumineuses, des bruits et

---

1. — Je rappelle à ce sujet les expériences de Peltier qui obtenait à volonté de la chaleur ou du froid, en inversant le sens du courant de ses piles.

des images qui ne sont que des phénomènes physiques de polarisation rotatoire, d'attraction, de répulsion, et de mirages.

Que savons-nous jusqu'ici du pouvoir des radiations obscures ?

Pour moi, je crois tout possible. On m'affirmerait qu'un rêve et qu'un cauchemar sont la représentation vraie d'une scène qui se passe en Chine ou bien celle d'un tableau exposé au musée de Boston, ou même celle de caresses des Ames de l'Espace que je n'en serais point surpris ; j'aurais même, je l'avoue, la faiblesse d'y croire.

Il ne me semble pas plus difficile pour les rayons x de rapporter de Chine ou de Boston l'image d'une scène ou d'un tableau, qui nous sont l'un et l'autre inconnus, qu'il ne l'est pour les réflexions nocturnes de photographier les étoiles de la carte du Ciel pareillement inconnues ; et Racine nous a trop appris sur les bancs du collège que « les murs pouvaient avoir des yeux » pour que je doute de cette réalité.

On a lu dans les journaux l'histoire de ce voyageur qui, couchant une nuit dans la chambre délabrée d'un hôtel misérable de village, y fut réveillé à plusieurs reprises par le même cauchemar d'un crime qui s'y était autrefois commis, crime dont il n'avait jamais entendu parler.

D'ou venait cette révélation terrible ?

Les murs dégradés et salis de cette chambre avaient enregistré l'empreinte *invisible* de ce crime et les radiations nocturnes la réfléchissaient *visible* sur les yeux et le mécanisme cérébral de ce voyageur impressionnable.

C'est qu'il n'y a pas, en effet, de rayon qui ne soit enregistré quelque part. Si minime qu'elle soit, toute vibration de l'Espace y a laissé sa trace. Rien ne se perd dans le Monde, ni de l'Ame, ni de ses pensées qui y sont éternelles, car l'âme de Socrate et le souvenir d'Adam et d'Ève vivent encore dans notre esprit.

Chaque vibration a donc son image enregistrée dans l'Univers à l'état visible ou à l'état invisible. Les unes, celles de l'état *latent*, attendent patiemment sur des murs, des arbres, des roches ou des cailloux, qu'un mécanisme révélateur vienne les rendre *sensibles*. Or il y a des révélateurs d'ordre *psychique* comme il y en a d'ordre *chimique* et ce voyageur en était un. Les réflexions murales nocturnes se combinaient avec celles de son cerveau pour l'illuminer et y clicher sous la forme *visible* l'image murale *invisible*. Le mécanisme mural de la chambre d'auberge et celui de ce voyageur impressionnable étaient synchrones [1].

Voici encore l'explication d'un fait que j'ai lu et que je cite de mémoire.

Une dame, regardant par hasard sur un morceau de cristal, y lit avec surprise l'annonce de la mort d'une de ses amies. Or, le cristal ne porte aucune trace de caractères écrits ou imprimés. Elle se rappelle alors qu'elle s'est servie quelques instants auparavant du journal le *Times* comme d'un écran contre la chaleur du foyer. Elle reprend ce journal, le parcourt, et y retrouve avec étonnement l'annonce répétée par le cristal et qu'elle n'avait certainement pas lue.

Or, de deux choses l'une : ou bien les radiations obscures du foyer avaient enregistré l'annonce à l'état *latent* dans les yeux de cette dame, et les réflexions du cristal y avaient ensuite développé l'image en la rendant *sensible* ; ou bien le journal, accidentellement déposé sur le cristal, y avait cliché son empreinte *invi-*

---

1. — Aussi blanchit-on les murs souillés d'une étable pour en inverser les rayonnements et arrêter la contagion.
(Voir dans « *Mécanisme* et *Dynamisme* » le mécanisme de cette action prophylactique).

sible que les réflexions du cristal avaient ensuite rendue *visible* pour les yeux de cette dame.

D'une façon comme de l'autre, c'est la combinaison d'un double rayonnement antagoniste qui a engendré le phénomène.

Les phénomènes si extraordinaires qu'on nomme *extériorisation de la sensibilité* ne sont donc pas pour nous étonner.

Un hypnotiseur et son hypnotisé sont un couple radiant l'un sur l'autre à la manière d'un aimant couplé avec de la limaille de fer ; leurs rayonnements se croisent autour d'eux et se combinent au foyer où se forme l'image, lorsque l'hypnotiseur pince l'atmosphère avec ses doigts ou bien même avec une aiguille dans la *zone sensible*. La combinaison se fait par l'intermédiaire des doigts ou de l'aiguille qui sont de bons conducteurs de leurs vibrations électromagnétiques. En exposant à l'un de ces foyers une plaque sensible à ces sortes de radiations, il serait donc possible d'obtenir un cliché de leurs radiations.

J'arrête ici ces exemples ; leurs interprétations sont assez variées pour qu'on puisse en étendre l'application.

CHAPITRE X

—

§ I. — La loi des types. Radiations psychiques

Depuis longtemps, la Science aurait pu se faire une plus juste idée des phénomènes et en connaître aussi la valeur différentielle, si elle avait admis les principes de dualité et de complexité dans celui de l'Unité, et si elle avait appliqué les lois se réfrangibilité à chacune des grandes forces naturelles. Jusqu'ici, je n'ai envisagé l'Unité que dans sa dualité, je vais maintenant l'examiner dans sa complexité ; c'est donc la recherche des *types* qui va faire l'objet de ce chapitre et elle fera bien comprendre la nécessité qu'il y a d'observer le type d'un phénomène ou d'un corps pour en opérer la synthèse et l'analyse.

La multiplicité des phénomènes et des corps s'étend si loin dans la Nature et dans la Science qu'elle a fait douter un instant de leur simplicité. Il semble, en effet, que la Science se complique à mesure qu'elle s'accroît puisqu'on est dans la nécessité de la partager en branches, en divisions et en subdivisions ; mais cette complexité, fruit d'une fécondité inépuisable, constitue simplement les parties en un tout harmonieux, et on a vu par ce système qu'il sait, en les alliant, concilier les deux principes contradictoires du simple et du complexe. Il n'y a donc pas à se demander si la complexité obéit à une loi puisqu'elle est un des caractères constitutifs de l'unité, mais il convient de rechercher si cette complexité organisée dans la Nature l'est aussi dans la Science et si on peut en préciser la formule.

Or les lois de la lumière, celles du mouvement, de la numération et aussi celles de croissance répondent à la question : l'unité s'accroît *périodiquement* en variant de vitesse et de force. Je n'ai donc qu'à m'appuyer sur une seule de ces lois pour établir celle des types et je choisis celle de la lumière qui, par le nombre et la variété de ses sept types de réfrangibilité, me semble l'expression la plus parfaite d'une complexité organisée. Je considère que cette loi de nombre et de variété doit se retrouver en tout où tout est construit sur le même plan.

L'étude des phénomènes de réfrangibilité démontre en effet que chaque rayon du spectre n'a pas :

— physiquement, la même couleur,

— géométriquement, la même longueur d'onde,

— cynématiquement, la même vitesse,

— caloriquement, le même degré thermique,

— chimiquement, les mêmes affinités,

— physiologiquement, les mêmes propriétés vitales,

— pathologiquement, le même pouvoir curatif ;

la logique autorise donc à penser que chaque rayon du spectre ne doit pas engendrer les mêmes *phénomènes psychiques*. Mais ce n'est pas assez dire : un rayon est une ligne de force, un courant dynamogénique typique, qui est alternativement *génie* de santé et de maladie, facteur de synthèse et d'analyse, suivant le sens de ses combinaisons.

Je dis donc que chaque type de rayon lumineux (ou *droit* +), en se combinant contradictoirement avec un rayon obscur (ou *gauche* —) de même longueur d'onde, crée un type de phénomènes ou de corps qui, réunis en séries, peuvent former des gammes chromatiques soumises aux lois de la réfrangibilité.

Les Anciens en ont eu la vision, en sacrant le nombre *sept* qui leur a servi à former ces heptades qu'on rencontre à chaque page de l'histoire des peuples comme un symbole de leurs croyances. Pour n'en citer que quelques exemples, je rappelle ici que le dogme de la Création fixe à sept jours l'accomplissement de l'œuvre, que la religion des Hindous a divisé les Ames en sept classes suivant leurs degrés de pureté (je ·dis de réfrangibilité), que les Mèdes entourèrent autrefois de sept enceintes (je répète diversement réfrangibles) leur capi-tale Ecbatane et que Rome fut construite sur sept collines de hauteurs différentes.

Ces croyances et coutumes, qui se sont per-pétuées de siècle en siècle et qui nous ont valu plus tard l'Heptaméron de la reine de Navarre, sont aussi devenues des articles de nos jours sous, les noms de sept sacrements, de sept péchés capitaux et autres dont l'énumération serait oiseuse.

Pensera-t-on de ces divisions et coutumes qu'elles sont accidentelles, ou bien encore qu'elles sont des faits d'imitation, de simples jeux de l'esprit ? Qu'on s'en garde ; ce serait offenser la gravité de la Science, qui a inventé des gammes de sept types de rayons colorés

(*Newton*), de sept formes cristallines du système cubique (*Haüy*), de sept systèmes d'odeur (*Linné*), de sept variétés de notes musicales (*Gui d'Arezzo*), de sept ordres de rayons calorifiques (*Melloni*), et de sept systèmes de philosophies négatives (*Naville*).

Croira-t-on pareillement qu'il puisse être fortuit que les Naturalistes aient réparti l'Espèce humaine en cinq races de couleur ; que les chimistes aient observé sept à huit modes de transformation du *Dydime*, de l'*Argon*, de l'*Yttrium*, dénommés par eux des *méta-éléments*; que les Physiologistes aient constaté cinq sortes de globules sanguins rouges, ou bien encore six sortes de processus nerveux des nerfs optiques correspondant aux six processus chimiques de la rétine (*Muller*) ?

Non, il faut le reconnaître ; il y a là une grande loi de classification par gammes, *une loi de dispersion mentale*, véritable *contrainte* imposée à l'homme par les lois de la Lumière et dont voici l'explication.

Si l'oxygène est, ainsi qu'on l'a vu, l'agent de toutes nos combustions intérieures, comment les flammes de ces combustions internes n'auraient-elles pas les propriétés de toutes les flammes ? [1] Visible ou invisible, lumineuse ou obscure, une flamme ne perd pas ses caractères de dispersion et de réfraction parce qu'elle est extérieure ou intérieure, physique ou bien psychique. Entre le foyer solaire et le foyer cérébral, les différences sont dans le nom et dans l'intensité, mais le mécanisme est similaire : les radiations solaires sont physiques et engendrent des jours suivis de nuits, tandis que les radiations cérébrales sont psychiques et engendrent des pensées claires alternant avec des obscures. Or, si la pensée humaine n'est qu'un reflet de l'Ame du Soleil transfigurée par son passage dans l'organisme humain, n'est-on pas alors en droit de se demander comment l'homme pourrait se soustraire dans l'expression de sa pensée à une loi qui commande aux phénomènes optiques, caloriques et sonores ?

---

1. — Il résulte de cette généralisation sur les flammes que celles de l'étincelle électrique et celles de la Foudre ont aussi sept types de réfrangibilité, car cette notion permet d'expliquer sans difficulté ces effets si extraordinaires qu'on cite de la foudre, comme de brûler une personne en respectant ses gants, de fondre sa boucle d'oreille sans lui brûler la peau, ou bien de photographier sur le corps d'un enfant la fleur qu'il va cueillir. Ces phénomènes surprenants de *fulminographie* sont produits par des radiations spectrales de périodes différentes.

Rien n'est donc plus naturel que l'invention des gammes, dont je viens de faire l'énumération.

Telles sont les considérations sur lesquelles je m'appuie pour dire que l'Ame rayonne à la manière de la Lumière et qu'elle a, comme elle, ses spectres lumineux et obscurs, avec les mêmes lois de réfraction, de dispersion, de polarisation, etc. Je pense qu'une grande classification par gammes reliera un jour entre elles toutes les sciences et qu'on accordera à tous les *êtres* de chacun des trois règnes les propriétés de transparence et d'opacité, de diathermancie et d'athermancie, qu'on reconnaît déjà à certains corps. Chaque phénomène aura sa couleur et on connaîtra des caractères, des tempéraments, des mouvements passionnels, des santés et des maladies dont les couleurs typiques seront aussi variées que le sont celles de l'arc-en-ciel. On ne fera plus enfin, ô cruelle ironie, descendre l'homme du singe; par une simple inversion du langage, on le fera *remonter* du singe, ce qui sera tout à la fois plus digne et plus vrai. L'homme est le couronnement des espèces animales et il y a aussi entre les diverses races d'hommes l'intervalle d'une octave.

La Création est un nombre et l'Univers est une musique.

Entre la race blanche et la race noire, qui sont les deux pôles extrêmes de la coloration, il y a la même distance et les mêmes différences qu'entre la Lumière et l'Obscurité. De même qu'il y a sept sortes de rayons colorés lumineux et obscurs, de même aussi il doit y avoir sept races humaines diversement colorées au lieu de cinq officiellement reconnues [1]. La Science est donc mise en demeure de reviser sa classification des races et aussi celle des sens qui sont des phénomènes produits par des mouvements dont les ondes ont des vibrations de longueurs différentes.

Pourquoi la Science s'est-elle arrêtée dans le chemin des analogies, en refusant au magnétisme, par exemple, et même à l'électricité les caractères spectraux qu'elle accordait à la lumière ? Faut-il donc lui rappeler qu'elle nous a fait répéter « *ab uno disce omnes* » pendant notre jeunesse ? Qu'elle veuille bien à son tour appliquer ce précepte, en observant les houppes

---

1. — Race blanche ou Caucasique ; race jaune ou Mongolique ; race olivâtre ou malaise ; race rouge ou Indienne ; race noire ou Ethiopique, qui sont toutes des variétés typiques de l'unité humaine.

magnétiques de la limaille de fer *dispersées* en
éventail aux deux pôles d'un aimant, elle y
reconnaîtra le *spectre magnétique* avec toute sa
gamme de rayons obscurs diversement réfrangibles [1]. Elle retrouvera dans cet alignement de
longueurs variées chacun des types colorés de
la lumière. L'aimant et la limaille de fer sont,
en effet, un couple dynamique de deux genres
contraires qui réfléchissent l'un sur l'autre les
rayonnements ambiants, émanant tant de l'air
que du sol et du sujet qui les tient à la main. Il
est donc naturel que les atomes de la limaille
s'alignent et s'orientent pour venir s'accoupler
avec ceux de l'aimant qui est un réflecteur

---

1. — Les expériences de la Rive, qui a constaté que
plusieurs courants électriques peuvent voyager dans le
même fil sans se confondre, et celles de Fizeau sur la diffusion d'un courant qui *s'estompe* sont autant de démons-
trations que ces courants n'ont pas tous la même longueur d'onde et que leurs radiations sont, comme celles
de la lumière, diversement réfrangibles. L'épanouissement en éventail du *vent électrique*, la dispersion *en
gerbes* du jet d'eau, la diffusion de l'électricité dans un
fil, celle d'une armée en marche avec une tête de colonne
et des traînards à la queue, ou bien encore celles d'actes
quelconques plus ou moins distancés les uns des autres
sont des phénomènes entièrement soumis aux lois de la
réfrangibilité. La loi du mouvement est la même en tout.

Le phénomène lumineux et spectral des aurores
boréales est aussi le résultat de la combinaison des
radiations célestes avec celles des pôles terrestres.

bi-polaire de radiations obscures. On s'explique ainsi pourquoi les moindres fragments d'un aimant sont toujours magnétiques.

Cette application des lois de la réfrangibilité au classement méthodique de nos pensées me conduit encore à exposer ma manière de voir sur notre imagination.

§ II. — Du rôle de l'imagination

Quel est, par exemple, le rôle de mon imagination, quand je vois *mentalement* la rose et , la violette *en sentant simplement leur essence ?* Que signifie cette représentation chromatique ? Est-elle l'effet d'un caprice mental, d'une association d'idées ou d'une perception reçue ? Je suis pour la perception vraie, et, sans vouloir autrement creuser le sujet, j'appuie cette opinion sur les raisons qui suivent.

Ces essences de roses et de violettes n'ont pas les mêmes indices de réfraction, la même puissance dispersive, ni le même pouvoir rotatoire au plan de polarisation, et leurs réflexions révélatrices d'images s'adressent aussi bien à ma vue qu'à mon odorat qui sont contigus l'un à l'autre et en relation l'un avec l'autre ; enfin, il y a encore le phénomène de la réfrangibilité.

Pour bien faire saisir comment je comprends ce dernier phénomène, je vais prendre au hasard un exemple qui montrera la toute puissance d'une image et la valeur dynamique d'un mot. Ainsi, je lis le mot *cheval* et je fixe sur lui toute mon attention, en y réfléchissant. Bientôt des images de chevaux de plusieurs couleurs se forment dans mes yeux. D'où viennent ces colorations de ma pensée ? Sont-elles le produit de mon imagination ? Oui, me dira-t-on ; non, répondrai-je, et j'en développe la raison. La fixité de mon regard n'est pas absolue ; ma pupille se contracte et se dilate incessamment ; mes paupières et mes cils sont aussi constamment en mouvement, et leur jeu le plus imperceptible fait varier l'angle d'entrée des rayons qui, suivant leur déviation et leurs types de réfrangibilité, font naître en moi des images de couleurs différentes ; bien plus, pour peu que les vibrations dynamiques s'accélèrent, je vois même galoper l'animal. La couleur n'est donc pas le fait de mon imagination, mais le phénomène physique est intimement lié au phénomène psychique. La valeur d'une pensée est aussi mesurable que les angles de réfrangibilité.

Quand j'écris le mot *cheval*, en pensant à la

forme, à la couleur et aux qualités de ce noble animal, je crois sincèrement que toutes mes pensées de forme, de couleur et de qualités sont représentées dans le mot que j'écris et j'ai confiance que le lecteur saura les y retrouver avec les yeux de son esprit. Un mot est un symbole représentatif et vivant de pensées et il les rayonne si fidèlement que nous savons pénétrer la pensée la plus secrète d'un ami dans la correspondance qu'il échange avec nous.

Cette manière d'envisager les choses s'étend encore plus loin, car elle va jusqu'à penser qu'un fauve qui parcourt un bois emprunte aux branches et à l'herbe qu'il foule leur parfum en échange du fumet qu'il leur cède, fumet que la meute qui le suit récolte aussi de la même façon. J'en conclus que chaque brin d'herbe ne se charge pas seulement du fumet d'un cerf, mais qu'il est encore comme un miroir réflecteur de l'*image magnétique du cerf*, qu'il cède aussi en échange d'une *image de chien*. Le chien ne *sent* pas seulement le cerf, il *voit* encore le cerf.

J'imagine que les Géomètres, qui se couplent journellement avec l'Espace, peut-être sans qu'ils s'en doutent, lui empruntent aussi leurs savantes figures, et je pense que toutes leurs belles épures sont une reproduction fidèle de celles que le croisement des rayons lumineux et obscurs engendre dans le Ciel. Je crois que toutes les figures sont tracées dans l'Espace où chacun de nous n'a qu'à les recueillir suivant sa constitution.

Je sais bien que je fais du tort à mon imagination, mais, si on veut connaître toute ma pensée, la voici : mon imagination serait absolument stérile, si elle était simple. Or mon psychisme est double car il est un *couple* constitué par la grande Ame de la nature + combinée à la mienne. — C'est donc elle qui crée mes pensées et mon état d'esprit, tout comme l'âme du maître + se couple avec celle de son disciple — pour créer en lui son état d'esprit. Le mécanisme générateur de l'Ame ne diffère pas de celui du Corps ; c'est le même fonctionnement : ainsi qu'il faut deux corps mâle et femelle pour en engendrer un autre de même nature, de même il faut aussi deux esprits mâle + et femelle — pour créer un autre esprit.

Voisine de la doctrine religieuse antique, cette théorie a donc pour conséquence d'établir sept catégories d'âmes de forme et de grandeur spectrales bien définies. Comment ne pas admirer alors la profondeur et la sagacité de ces penseurs de l'Antiquité qui, sans connaître les lois de la réfrangibilité, avaient imaginé leurs classifications en heptades ! N'est-ce pas là une preuve satisfaisante que l'ignorance où nous sommes encore tient beaucoup moins à l'imperfection de nos organes qu'au particularisme scientifique ?

Certes, les Géomètres nous ont bien appris que la verticale et l'horizontale, la perpendiculaire et l'oblique, ou la droite et la courbe n'ont pas les mêmes propriétés puisqu'elles donnent lieu à des angles et à des arcs différents, mais que nous ont-ils dit de leurs relations avec le Monde des sens et celui de la pensée ?

On connait bien qu'un bûcheron, armé de sa cognée, attaque un chêne obliquement pour l'abattre plus facilement, mais que sait-on des rapports de l'oblique avec la morale ?

On dit bien aussi quelquefois d'un homme devenu malhonnête qu'il s'est écarté de la ligne droite, qu'il a mal tourné ou qu'il n'a pas su s'orienter, mais ces allusions métaphoriques sont de pur accident et sans lien démontré de parenté avec les autres Sciences.

Pour moi, je sais que mes impressions mentales varient comme les jours et les saisons, que je pense différemment lorsque je suis debout, assis ou bien couché, et je n'ignore pas davantage que le rayonnement céleste n'a pas les mêmes propriétés quand il dynamise un mécanisme à droite ou bien à gauche, dans la verticale, dans l'horizontale ou même dans la transversale.

§ III. — Origine de la pensée.

Aussi bien, puisque je m'analyse, pourquoi ne confesserai-je pas ici la manière dont je travaille ? Il n'y a pas de honte à l'avouer. Hé bien, je me promène pour travailler.

— Travailler en se promenant ! Voilà, dira-t-on en souriant, une méthode peu banale et qui n'est point désagréable.

— Pardon, mais j'ai quelques raisons pour en agir ainsi.

Je m'abstrais volontiers ; donc je me promène, je réfléchis et je prends des notes. J'ai en effet observé que mes idées étaient plus abondantes dans le mouvement de marche, et, phénomène singulier, qu'elles étaient souvent si fugitives qu'il me fallait un grand effort mental pour les reproduire une fois rentré chez moi. Voilà pourquoi je note de ci, de là, au cours de mes promenades une fusée cérébrale dans la crainte de ne jamais la revoir.

Mais ce n'est pas tout : j'ai aussi constaté que ces mêmes idées me revenaient facilement, aussi vives que la première fois, quand je m'abstrayais de nouveau dans les mêmes endroits, mais pour disparaître encore de la même façon quand je m'asseyais ensuite à ma table de travail. Quel est ce phénomène ? D'où vient cette répétition mentale quand je repasse dans les mêmes lieux ? La pensée, me disais-je, a-t-elle donc une couleur locale ? une saveur de cru ? un bouquet de terroir ? Hé quoi le poète qui s'inspire dans le silence des bois et celui qui rime au bruit des verres, ou le peintre qui reproduit sur sa toile le spectacle de la nature, ne sont-ils que les exécutants d'un concert local ? Faut-il croire que l'imagination et tant d'autres facultés sont des lueurs circonstancielles de l'Espace et du Temps ?

Oui, me suis-je répondu, la pensée a une saveur de cru, un bouquet de terroir qu'elle doit à la qualité du cépage ou type magnétique indi-viduel, à la nature du sol, à son altitude, au temps et à l'atmosphère ambiante. On pense français, allemand, russe ou bien chinois, parce qu'il y a sous ces latitudes et longitudes diffé-rentes des courants électro-magnétiques qui dynamisent différemment l'atmosphère qu'on

y respire et le sol sur lequel on marche. Chaque
région a ses types de productions si bien accusés
que nous distinguons à son aspect, à son parler,
et même à sa manière d'écrire et de penser, un
habitant du Nord, du Centre ou du Midi. Si la
Science n'a pas encore défini toutes les nuances
de l'électro-magnétisme, notre jugement et nos
sens nous permettent cependant de reconnaître
avec une grande sûreté la nationalité et jusqu'au
type régional des hommes. C'est donc dans ce
duo-dynamisme de l'air et du sol qu'il faut aller
chercher l'origine première des races et de
toutes nos qualités natives et héréditaires.

Les minéraux, les plantes et les animaux que
la Terre supporte partagent avec elle le magnétisme qui l'anime. Le moindre brin d'herbe et
le plus petit grain de sable ont leur forme, leur
couleur, leur saveur, leur odeur, leur langage
et leur timbre de voix typiques. Tout rayonne
et vibre en eux ; tout y chante des paroles
d'amour que nous récoltons au passage pour
les répéter dans nos hymnes avec des modula-
tions plus ou moins riches qui varient comme
les êtres dans l'Espace et dans le Temps. C'est
un cantique universel et un échange perpétuel.
La contemplation de la Nature est une conversation divine que les poëtes *qui comprennent*

Dieu à demi-mot, suivant l'heureuse expression d'un spirituel écrivain, ont le privilège de comprendre et de nous répéter chacun d'eux suivant son pouvoir électif, je dis ici suivant son type de réfrangibilité électro magnétique. Le Créateur suprême a proportionné son langage aux destinées des êtres.

La rêverie est une sensation si agréable pour moi que j'ai gardé d'une promenade d'enfance un souvenir plein de charme. C'était par une belle matinée de printemps. Mon père m'avait emmené à sa campagne où il me laissa seul un moment pour aller surveiller le travail de ses vignerons. J'en profitai pour grimper sur un saule où je voulais rêver. Le vieil arbre avait poussé sur la crète d'un ruisseau rocailleux qui coulait au long d'une langue de pré, en face d'un bois et au pied de coteaux plantés de vignes. Le murmure de l'eau, le bruissement du feuillage que la brise agitait et le chant des oiseaux me remplissaient d'une émotion que je ne pouvais alors comprendre. Aussi j'y demeurai longtemps jusqu'à ce que mon père, inquiet de ne pas me voir, vînt m'arracher à ces rêveries qui restent en moi comme un des doux souvenirs de mon jeune âge. Ah ! comme j'ai maintenant la raison de cet enchantement ; tout ce riant paysage échangeait avec moi les signes de son langage et les caresses de la brise étaient comme le baiser de notre communion.

Oui, c'est dans les échanges alternatifs des signes électro-magnétiques de tout un paysage avec le spectateur qu'il faut aller chercher la cause des sensations du poète et celles de l'artiste, ainsi que la source de leurs inspirations. Les chefs-d'œuvre de ces natures d'élite ne sont que l'écho fidèle de la symphonie locale qui se joue sous leurs yeux. Les inspirations ne sont que des reflets de la grande Voix Divine et des communions de notre âme avec celle de la Nature.

C'est ainsi que je m'explique la genèse et la répétition de mes pensées chaque fois que je reviens dans les mêmes endroits qui me chantent les mêmes airs. J'échange à chaque pas droit et gauche, et à chaque mouvement croisé de mes bras avec mes pieds, mon magnétisme avec celui du sol et de tout ce qu'il supporte, maisons, arbres ou êtres dont les radiations atmosphériques viennent frapper tous mes sens, et c'est le produit condensé de toutes ces sensations rythmées qui constitue mes pensées. Mon imagination n'est que le produit de tout ce qui vibre dans mon entourage.

Je pense bien n'étonner personne en disant que j'ai peine à me retenir de pénétrer sur tous les domaines où je rencontre l'Unité ; il convient pourtant d'avoir cette retenue. Il est d'ailleurs entendu que je ne suis qu'un indicateur de route qui n'expose ici que des vues générales, et le principe mécanique me semble à présent suffisamment établi.

Confiant qu'on voudra bien conclure avec moi que les lois du mouvement vibratoire s'appliquent aux pensées de l'homme aussi bien qu'à ses actes par la seule inversion de sa Force vitale, je me résume en disant qu'il importe peu que les ondes et leurs vibrations soient celles du Soleil éclairant la Terre, celles d'une pile dynamisant un moteur, celles d'une âme animant un corps, ou même celles d'un couple de joueurs de billard ; toutes sont caractérisées par les mêmes systèmes de *ventres*, de *nœuds* et de *franges* alternativement lumineuses + et obscures —, qui portent simplement les noms différents de *jours* + et de *nuits* —, d'effets *positifs* + et *négatifs* —, de pensées *bonnes* + et *mauvaises* —, ou de coups *réussis* + et *ratés* —, selon qu'il s'agit de phénomènes *astronomiques*, *dynamiques*, *psychiques* ou *récréatifs*.

CHAPITRE XI

LA FORCE VITALE. CE QU'ELLE EST.
LA VIE. LA MORT

Certes, dira quelqu'un de réfléchi, vos rapprochements et interprétations sont du moins vraisemblables et je saisis bien l'analogie qui existe entre les grandes Forces naturelles et ce que vous appelez notre *Force vitale*, mais qu'entendez-vous exactement par ce principe et quelle en est l'origine ?

Parfaitement.

On a vu plus haut, par les analyses de notre double mécanisme pulmonaire et cardiaque, [1] que l'homme est une véritable pile électro-magnétique à courants alternatifs, chargée par l'acte de la respiration de toute l'énergie magnétique incluse dans l'oxygène respiré qui condense et incarne en nous sa substance matérielle. C'est donc la combinaison de cette énergie positive +

---

1. — Lire aussi la note 6 des notes additionnelles finales.

de l'air, avec celle négative — du sol, opérée dans tous nos organes et par le jeu de tous organes, qui constitue sous le nom de *Force vitale* un courant électro-magnétique dont la diffusion gauche et droite engendre en nous les éléments si variés de notre organisme.

Produit de tous nos organes et de tous nos actes physiologiques, la Force vitale de l'homme est donc une transformation parfaitement définie de l'Energie universelle : elle *est elle et non une autre.*

Issue d'une dualité positive + et négative —, cette modalité est aussi une dualité : en effet, on l'a vu, elle a les deux pouvoirs du faire + et du défaire —.

Elle a ensuite ses caractères propres, héréditairement transmissibles, c'est-à-dire ses facultés dynamiques intellectuelles qui sont bien distinctes de celles instinctives des autres animaux.

Enfin elle est analogue, mais non identique, aux principes dont elle dérive, car ses manifestations diffèrent complètement de celles de l'Electricité et du Magnétisme, ses deux auteurs.

Ce nom de Force Vitale appliqué à l'homme est un nom général qui varie lui-même suivant la nature de ses manifestations et les localités dans lesquelles elles ont lieu. Ainsi on dit *Force nerveuse* et *Force Musculaire* pour désigner celles des nerfs et des muscles. De même encore on nomme *Ame* ou *Force psychique* celle qui émane du cerveau de l'homme.

Afin de donner une juste idée de ma concep tion transformiste et de ce qu'est en soi la *Force Vitale*, je vais reproduire cet épisode de mes sonneurs de cloches.

« Je ne puis entendre le son des cloches [1]
« sans qu'il me rappelle mes souvenirs d'en-
« fance. Comme je les regardais avec curiosité
« ces sonneurs qui balançaient les cloches à
« toutes volées ! Même je les vois encore attelés
« aux trois brins de la corde maîtresse, foulant
« le sol de leurs pieds et levant les bras en
« cadence [2], pendant qu'un enfant de chœur
« animait la petite cloche. Comment, me disais-
« je alors, comment ces longues cordes peuvent-
« elles donc produire ces *beuglements* de l'airain ?

1. — Un battant de cloche fait l'office d'une énorme langue en mouvement dans la gueule d'un animal. Il bat les lèvres de la cloche de droite à gauche et de gauche à droite pour les faire parler, en échangeant à chaque fois sur chacune d'elles son dynamisme qui engendre tour à tour une vibration mâle + d.ns l'axe vertical, et une vibration femelle — dans l'axe horizontal.

2. — Par le mouvement combiné de leurs bras et de leurs jambes, les sonneurs décrivent exactement la figure d'un parallélogramme des forces.

« Qu'envoient-ils donc dedans ? Aujourd'hui, je
« le comprends bien et autrement qu'on ne
« pense. Ce qu'y envoyaient ces sonneurs, c'était
« leur magnétisme animal, c'était leur fluide
« Vital, qui courait de proche en proche de
« leurs mains jusqu'au bronze pour le dyna-
« miser. Chaque mouvement respiratoire appor-
« tait de l'oxygène magnétique à leurs poumons,
« chaque foulée de leurs pieds échangeait leur
« magnétisme animal avec celui du sol, et
« chaque rythme de leurs bras, droit et gauche,
« lançait ensuite le courant dans les cordes qui
« le transféraient aux cloches, où un nouvel
« échange avec l'électricité de l'atmosphère
« engendrait ce grand son qui venait enfin se
« combiner avec l'organe auditif. C'était un
« échange incessant de charges et de décharges
« avec une suite ininterrompue d'inversions
« dynamiques et d'échanges de signes. La voix
« des cloches est, pour moi, le produit d'une
« combinaison invisible de fluide humain et de
« fluide aérien. Les cordes sont le fil conducteur
« et l'air est le porteur de cette mélodie qui va
« s'éteindre au loin dans les campagnes chez
« les fidèles qu'elle appelle au temple. Ramenée
« par eux à son point de départ, la voix des

« cloches parcourt ainsi des cycles plus ou
« moins grands.

« Bref, c'est comme si les sonneurs emprun-
« taient à l'air son électricité positive + pour
« l'échanger avec le magnétisme négatif — du
« sol et la renvoyer dans l'air. Pour préciser ma
« pensée et faire image dans l'esprit de ceux
« qui aiment à réfléchir, je dirais volontiers de
« cet échange incessant et à circuit variable
« qu'il se résume en *une combinaison divine de*
« *l'Electricité cosmique avec le Magnétisme du sol*
« *par l'intermédiaire de la Bête humaine.*

« J'en conclus que *la Vie est une combinaison*
« *électro-magnétique + et —, et que la Mort, inver-*
« *sion de la Vie, est une combinaison magnéto-*
« *électrique — et +.*

« Telle est, en deux mots, ma conception
« dynamogénique et biogénique de la Création
« ou du *Divinisme* ».

(*L'Amour dans l'Univers.*)

Je dis, pour synthétiser, que la Vie et la Mort
sont les deux vibrations droite + et gauche —
d'une onde électro-magnétique plus ou moins
grande et éternellement renouvelable. C'est une
chaîne sans fin.

Si je voulais pousser plus loin le contraste,
j'ajouterais que la Force léthifère est une inver-

sion de la Force vitale ; que celle-ci accroît les corps *ostensiblement* et dans le sens vertical à la surface du sol, tandis que celle-là les détruit *ténébreusement* et dans le sens horizontal à quelques pieds sous terre, en donnant lieu à des effluves obscures génératrices des phosphorescences qui accompagnent si fréquemment les décompositions organiques.

La Vie est un état et la Mort en est un autre, mais elle n'est ni une déchéance, ni une fin, attendu qu'elle conduit à une autre vie. Les deux états sont corrélatifs, alternatifs et inséparables l'un de l'autre. Il y a entre eux les mêmes rapports que ceux qu'on observe entre l'assimilation et la désassimilation qui sont avec l'anabolisme et le métabolisme les fonctions et phénomènes reversibles de la nutrition. Aussi est-ce une erreur de dire que les énergies vitales sont irréversibles parce qu'elles descendent une pente qu'elles ne remontent jamais ; mais il n'est peut-être pas inutile de s'expliquer d'abord sur la valeur de ce mot.

Si la Science veut dire par phénomènes reversibles et irréversibles ceux qui se voient et ceux qui ne se voient pas, rien de mieux : mais si elle entend, au sens absolu du mot, qu'il y a des phénomènes qui ne rétrogradent pas, oh ! alors c'est une grave erreur. Les énergies vitales sont comme les fleuves qui descendent leur cours en vertu de la pente et qui pourtant le remontent sous forme de vapeurs que le Soleil et les vents ramènent à leur source ; et, lorsqu'on dit de l'*énergie* que, conçue d'abord en physiologie, elle a ensuite passé en physique pour retourner à son berceau en revenant à la biologie, on ne fait encore que confirmer le principe de reversibilité dont l'histoire et cette critique montrent tant d'exemples. Le retour est simplement différent de l'aller ; si on le supprime, il n'y a plus de cycle, plus d'évolution, plus de révolution et la Terre cesse de tourner. La caractéristique de la vitalité est d'avoir un *processus* et un *retrocessus*, et le regrès est la condition même du progrès *(voir la figure 49, page 256).*Ce principe contradictoire est d'ordre supérieur ; il n'y a donc pas à se demander si on pouvait mieux faire [1].

---

1. — Il est surprenant que les Physiciens qui ont étudié la transformation de la chaleur en travail (*principe de Carnot*), et constaté qu'elle n'est jamais complète, n'aient tenu aucun compte de sa transformation en électricité pour expliquer la perte. Becquerel a jadis démontré que deux corps de température inégale dégagent de l'électricité tant que les températures ne sont pas en équilibre. Il est donc évident que la fuite d'énergie qu'on observe, lorsqu'on met en contact une chaudière chaude avec un condenseur froid, doit correspondre à une même quantité d'électricité qui s'échappe dans l'air ou dans le sol à l'insu des expérimentateurs.

En résumé, la Vie nait de la Mort comme celle-ci de la Vie, au même titre que la lumière nait de l'obscurité qui engendre la lumière. Bien que nous n'assistions pas à notre résurrection, nous avons scientifiquement plus de raisons pour l'affirmer que pour la nier. Cette croyance est d'ailleurs universelle et elle ne date pas d'aujourd'hui ; les hommes y ont toujours eu foi et c'est le devoir de la Science de les éclairer en proclamant cette vérité.

La Vie et la Mort sont une nécessité inéluctable, mais rien n'empêche que nous n'étendions la longueur de leurs ondes et la grandeur de leur cycle. Ce fut jadis le noble objet de la recherche des Alchimistes qu'on peut regarder comme *les Primitifs* de la Science, et ce sera aussi la gloire de la Science médicale actuelle que de résoudre ce problème, si elle daigne avoir égard à la loi des types dans ses applications d'électro-thérapie et de photo-thérapie.

Sans pousser plus loin, pour l'instant, ce sujet de la vie future, je reviens à mes sonneurs de cloches.

Supprimons mentalement la substance matérielle de leurs corps, de leurs cloches, de l'air qui les enveloppe et du sol qui les soutient, en un mot de tout ce qui est mécanisme et

support du Dynamisme en jeu, que nous reste-
t-il ?

— Simplement, deux temps de mouvement
contraires de va + et de revient —, amoureux
d'échanger leurs signes et de multiplier leurs
rapports.

Quelle est alors l'origine de ce principe aux
mille noms de Mouvement, Energie, Force,
Ether, Lumière, Electricité, Magnétisme, Force
Vitale, Ame et tant d'autres ?

Pour répondre à une question de cette
gravité et l'exposer clairement, il faut prendre
les choses de très loin et entrer dans des détails
qui réclament l'indulgence du lecteur. Ils vont
faire l'objet de la seconde partie de cette critique.

DEUXIÈME PARTIE

CHAPITRE XII

§ I. DÉFINITION DE L'ATOME. SA CONSTITUTION. SA CONDENSATION ET SA RARÉFACTION. SA SYNTHÈSE ET SON ANALYSE. § II. MÉCANISME DE L'ÉLECTROLYSE. MÉCANISME DE LA RADIOACTIVITÉ. MÉCANISME DE LA FORCE BALISTIQUE.

---

§ I. — DÉFINITION DE L'ATOME. SA CONDENSATION ET SA RARÉFACTION. SA SYNTHÈSE ET SON ANALYSE.

La pensée de remplir l'Espace d'Hydrogène gazeux pour le faire condenser, en s'appuyant sur la loi des *trois états*, s'offre de suite à l'esprit. L'atome de ce gaz est effectivement le plus subtil et le plus léger de tous les corps ; c'est aussi lui qu'on a pris comme type de l'Unité chimique ; enfin, il est toujours le dernier terme de nos analyses. Son choix se trouve donc parfaitement indiqué et j'entrerais de suite dans le sujet sans la nécessité de savoir d'abord ce qu'il faut entendre par un atome gazeux, comment il se condense ou bien se raréfie, et quel est le pourquoi de la loi des trois états. Je vais donc passer en revue ces divers phénomènes, en les interprétant à ma façon, et ils me conduiront à l'étude des premières condensations de l'Hydrogène.

Si je demande à ma raison la nécessité de cette loi, ma raison me répond que la Création sans elle serait une négation — non une affirmation +. Elle me dit que sans la *condensation* rythmée avec la *raréfaction*, mots qui tiennent une si grande place dans l'histoire du Monde, le mouvement serait encore à naître, la liberté à apparaître et la vie à se manifester. Adieu, me crie-t-elle, de tous ces phénomènes, si la Matière ne change pas d'état.

L'atome gazeux, me dit-elle encore, est une unité constituée par deux principes antagonistes et complémentaires, l'un *matériel* qui forme l'enveloppe, l'autre *immatériel* qui est inclus dans l'enveloppe, *in materia*. Le contenant est le corps — et le contenu est l'âme + ou essence *éthérée*, dynamique et positive, radiatrice de l'autre dont elle constitue le *primum movens*. L'atome est donc un être muni à l'extérieur et à l'intérieur d'un mécanisme et d'un dynamisme en rapport avec sa figure géométrique ; bref, c'est un être vivant, organisé, animé.

Or, si on se représente l'Espace originel comme entièrement plein de cette substance dynamique gazeuse, il est clair qu'il ne pourrait y avoir aucun mouvement dans un espace éternellement plein; l'esprit se refuse à cette conception. Pour agir et créer, la Force Cosmique incluse dans la Matière originelle réclame donc la liberté de son mouvement, et seule, on l'a dit, la condensation matérielle peut libérer la Force. Chaque changement d'état *par voie de condensation* est donc tout à la fois une réduction du volume de la substance matérielle et une libération du Dynamisme éthéré qui y était inclus. Au contraire, tout changement d'état *par voie de raréfaction* est une augmentation de volume et une reprise de Force par la substance matérielle. Il en résulte que la loi des trois états implique l'idée de *reversibité*, puisqu'elle s'applique aussi bien à l'aller ↓ de la Matière vers l'état solide qu'à son retour ↑ vers l'état gazeux ; mais on comprend de suite qu'un tel passage ne peut s'accomplir sans un moyen terme qui est *l'état liquide. Natura non facit saltus.* De là cette loi des trois états gazeux, liquide, et solide ; solide liquide et gazeux.

Comment s'opère un changement d'état ?

Toutes les sciences, aussi bien celles de l'économie sociale et politique que celles des mathémathiques et de la mécanique, ont leurs changements d'état et leurs méthodes ; mais je ne m'occuperai que de celles des Sciences Physiques qui intéressent plus directement mon sujet.

Dans la Physique proprement dite, on comprime les gaz et on arrive par la détente de ces gaz à leur faire prendre successivement l'état liquide et l'état solide. En Chimie, on les fait exploser pour les faire passer de l'état gazeux à l'état liquide ; l'électrolyse les ramène ensuite en sens inverse à leur premier état. Ces expériences, qui sont courantes et que je vais prendre soin d'analyser à ma manière, vont servir à ma démonstration du mécanisme d'un changement d'état.

La Science de la Physique enseigne et démontre tous les jours qu'un gaz *s'échauffe* quand on le comprime et qu'il *se refroidit* quand on le raréfie. Rien n'est plus vrai comme expérience, mais rien n'est plus faux comme interprétation. J'inverse donc l'explication pour dire :

Quand on comprime un gaz, il perd de son volume en même temps qu'il *échauffe* les corps voisins (thermomètre ou corps de pompe) de toute la chaleur d'origine contenue à l'état *latent* dans le volume perdu ; *personnellement, le gaz se refroidit de tout ce qu'il donne.* C'est un riche qui vide sa bourse. En effet le piston joue de haut en bas ↓ pour descendre la Matière, et le gaz se condense en dégageant de la chaleur *sensible* qui échauffe le corps de pompe.

Au contraire, quand on raréfie un gaz, il gagne du volume en même temps qu'il *refroidit* les corps voisins de toute la chaleur nécessaire au maintien du volume retrouvé ; or, comme ces corps solides ont par eux-mêmes fort peu de chaleur latente, l'air extérieur fournit lentement la provision demandée pour la transmettre au corps de pompe et celui-ci au gaz ; *personnellement, le gaz se réchauffe de tout ce qu'il emprunte.* C'est un pauvre qui remplit sa besace. En effet, le piston joue de bas en haut ↑ pour remonter la Matière ; le gaz se raréfie en absorbànt de la chaleur latente qui refroidit le corps de pompe.

En résumé, ce n'est pas le gaz qui s'échauffe, c'est lui qui est refroidi ; ce n'est pas davantage le gaz qui se refroidit, c'est lui qui est réchauffé.

Entre cette interprétation des phénomènes et celle qu'on en donne, il n'y a pas d'autre différence que celle du jour à la nuit.

Comprimer un gaz en vase clos et réduire son volume, c'est arracher l'âme à ce gaz ; raréfier ce gaz et accroître son volume, c'est rendre l'âme à ce gaz. N'est-ce pas assez pour justifier la résistance croissante des pistons pneumatiques qui compriment ou raréfient de l'air ? La chaleur, dégagée du dedans par la compression ou appelée du dehors par la raréfaction, ne peut pas sortir ou rentrer assez vite dans le corps de pompe adiabatique.

Qu'il plaise maintenant de renverser l'explication de l'amadou qu'une compression enflamme parce que, dit-on, l'air s'échauffe dans le briquet à air, et on aura vraiment deviné la charade ; il n'y a qu'un *l* à mettre et un *s* à changer : l'amadou s'enflamme parce que l'air *l*'échauffe et non parce que l'air s'échauffe.

Cette interprétation, dont on saisira mieux l'importance un peu plus loin, fait comprendre

comment la détente subite d'un gaz comprimé
à l'état liquide peut le rendre partiellement
gazeux et produire un froid assez considérable
pour solidifier le reste du liquide : la partie qui
redevient gazeuse emprunte à l'air ambiant
qu'elle refroidit toute la chaleur latente nécessaire au maintien du volume retrouvé.

Que remarque-t-on à présent, en Chimie,
lorsqu'on fait passer une étincelle électrique
dans un mélange d'Hydrogène et d'Oxygène
gazeux, deux volumes du premier contre un
volume du second ? — On observe un dégagement considérable de chaleur (2500 calories) et
une formation de vapeur suivie d'une condensation d'eau, c'est-à-dire une manifestation
de force immatérielle, *la chaleur*, et une apparition de substance matérielle liquide, *l'eau*. C'est
le travail accompli.

D'où viennent cette eau et cette chaleur ? —
De la substance *matérielle* des gaz et de la force
immatérielle qui y était incluse à l'état latent,
l'une étant la maison et l'autre l'habitant.

En poursuivant l'analyse, on constate ainsi
que la chaleur, qui était *latente* avant l'explosion,
est devenue *sensible* après l'explosion et que la
substance matérielle, qui était *invisible* à l'état
gazeux, est devenue *visible* à l'état liquide.

Ce n'est pas tout : on découvre aussi, ô phénomène remarquable, que la chaleur s'est *extériorisée* puisqu'elle rayonne au dehors, et que l'eau s'est *intériorisée* puisqu'elle se condense au dedans ; le contenant est donc devenu le contenu, et le contenu le contenant. En outre la Matière a multiplié son poids et gagné en densité ce qu'elle perdait en volume ; au contraire, la Force a multiplié son énergie et gagné en activité ce qu'elle perdait en passivité.

Cette expérience de combinaison chimique gazeuse accompagnée d'un dégagement de chaleur, confirme donc l'expérience de compression physique gazeuse suivie d'un échauffement qui a été relatée plus haut.

Qu'advient-il, à présent, de l'eau qu'on électrolyse ? — Des bulles gazeuses se dégagent, et bientôt, l'eau disparaît en laissant à sa place un mélange d'Oxygène et d'Hydrogène gazeux. C'est un changement d'état avec retour en arrière ; de liquide, la Matière redevient gazeuse et elle reprend son état primitif, sa forme initiale et son volume originel, puisqu'il suffit d'enflammer de nouveau le mélange pour en obtenir encore 2500 calories.

§ II. Mécanisme de l'Électrolyse.
Mécanisme de la Radioactivité.
Mécanisme de la Force balistique.

Non moins remarquable que le phénomène de la synthèse, l'opération de l'électrolyse mérite qu'on s'y arrête. Je n'ignore pas qu'on accorde à la pile le pouvoir de restituer à l'Oxygène et à l'Hydrogène l'énergie qu'ils ont perdue par la condensation ; mais est-il bien certain qu'on ait approfondi comme il convient le mécanisme de cette restitution ?

Que, d'une part, l'eau puisse régénérer le corps matériel de ses deux éléments constituants, c'est rationnel. Que, d'autre part, la pile puisse fournir à ces deux éléments l'énergie d'origine et décomposer par son courant dynamique invisible ce que l'électricité a composé par son étincelle électrique visible, c'est logique. Mais est-ce là tout le phénomène ? Ne voit-on pas que ces deux facteurs constituants récla·ment encore, pour devenir gazeux, le *volume* et la *légèreté* d'un troisième élément ? Or, ce n'est ni l'eau, corps liquide et condensé, ni la pile ou ses sels, corps solides encore plus condensés, qui peuvent les fournir. On l'a déjà compris c'est à l'air extérieur que cet emprunt est fait, grâce au mécanisme que je vais décrire.

Les courants magnétiques de la pile (je dis ceux de la Terre) appellent les radiations électriques de l'Ether (je répète celles de l'Air) *à venir se combiner avec eux contradictoirement, pôle gauche contre droit et pôle droit contre gauche, aux deux extrémités des fils électrolyseurs qui sont le siège de réactions inverses à leurs point. de contact :* le courant électrolyseur *engendré par leur combinaison* va régénérer de l'oxygène au pôle positif + d'où il revient ensuite ressusciter de l'hydrogène au pôle négatif −, et le travail se poursuit sans interruption, avec reprise à l'atmosphère des *énergies* et des *volumes* qui y sont contenus. Voilà pourquoi les opérations de l'électrolyse sont parfois retardées ou bien même complètement arrêtées par la pression des gaz et par l'absence de l'air.

Quelle que soit la surprise causée par cette explication, je pense qu'on sera mieux disposé à l'accueillir, si on veut bien réfléchir :

1º que l'étincelle d'une machine électrique dont nous approchons la main est toujours *le produit de la combinaison d'un couple électro-magnétique positif et négatif,* c'est-à-dire d'une machine électrique + *isolée dans l'air mais en*

*communication avec le sol — par une chaîne métal-
lique ou par nous ;*

2° que Franklin tirait des étincelles des
nuages *en couplant leur électricité atmosphérique + avec celle magnétique du sol* — à l'aide de
la corde conductrice de son cerf volant.

Je n'ai pas à m'étendre sur la nécessité de
l'isolement préalable des deux forces antagonistes car il est clair, je le dis sans malice, qu'un
couple ne peut s'unir que s'il est désuni.

Quelle différence y a-t-il alors entre *l'étincelle* d'une machine électrique et *le courant*
d'une pile ? La même que celle qui existe entre
la lumière et l'obscurité : l'étincelle est la manifestation visible lumineuse et bruyante d'un
couple positif + et négatif — tandis que le courant est la manifestation invisible, obscure et
silencieuse d'un couple négatif — et positif +.
L'une *synthétise* avec éclat pour célébrer l'hyménée ; l'autre *analyse* en silence pour divorcer les
conjoints.

On ne s'étonnera donc pas, si je dis à présent
que les phénomènes de *radio-activité* sont engendrés par des *couples magnéto-électriques* ou
électro-magnétiques, comme on voudra.

On sait, en effet, que Mme Curie a réalisé ces
phénomènes entre les deux plateaux d'un con-

densateur dont l'un était *isolé* dans l'air tandis que l'autre, chargé de la substance radio-active, était relié à une pile en communication avec le sol. C'est donc la combinaison des radiations magnétiques du sol avec les radiations électriques de l'air qui engendrait entre les deux plateaux un courant *obscur générateur de lumière par son contact avec la substance*.

Il ne faut pas chercher ailleurs l'explication du mécanisme et la source de l'énergie lumineuse. Comment n'a-t-on pas vu qu'on provoquait ici des *effluves obscures* par un nouveau mode d'association des couples dynamiques et mécaniques ?

J'ajoute, pour faire un pas de plus, que le principe de la télégraphie sans fils repose sur un mécanisme analogue.

Considéré dans son ensemble, avec ses deux organes antagonistes de transmission et de réception, son excitateur et son cohéreur, sa bobine de Rumhkorff et sa pile, leurs antennes verticales plongées dans l'air et leurs électrodes communiquant au sol, un appareil de télégraphie sans fils se réduit à un couple mécanique vibrant sous l'action de deux forces contraires de caractère périodique, l'une qui provient de l'électricité de l'atmosphère (électrons positifs +

et négatifs —), l'autre qui est empruntée au magnétisme de la terre (ions magnétiques négatifs — et positifs +), et c'est la combinaison rythmée de ces deux vibrations lumineuses et obscures de double orientation verticale et horizontale qui engendre le courant des ondes hertziennes.

Quand la combinaison se fait à droite, le courant est positif + et s'appelle *anodique;* quand elle se fait à gauche, le courant est négatif — et se nomme *cathodique* —, rayon x ou rayon n, mais le phénomène est toujours le produit d'un couple dynamique.

Qu'on veuille bien interroger un écolier sur le sujet pour savoir ce qu'il en pense, et il répondra sans hésiter que toute l'histoire du Magnétisme et de l'Électricité repose sur des couples négatif — et positif +, positif + et négatif —, car, ajoutera-t-il ingénument, s'il faut un couple de facteurs pour multiplier, il faut aussi un couple de facteurs pour diviser.

La décharge des corps électrisés par les métaux *ionisés* n'est donc pas autre chose qu'une combinaison. Aussi observe-t-on que les rayons cathodiques sont déviés (*repoussés*) dans un champ *magnétique* par les aimants qui sont chargés de même signe —, et qu'ils sont au con-

traire déviés (*attirés*) vers le plateau positif +
d'un champ *électrique* qui est de signe contraire +, tandis que les rayons lumineux restent
neutres dans le même champ.

L'intérêt qui s'attache à ces hautes nouveau-
tés cathodiques est si grand que je ne dois pas
omettre de déduire une conséquence naturelle
de ce qu'on nomme *ionisation* des gaz. On sait
que les rayons cathodiques — et ceux obscurs —
de Roëntgen ont la propriété remarquable de
faire condenser autour d'eux la vapeur d'eau
sursaturée sous la forme de nuages et de goutte-
lettes d'eau. Or, il me semble évident que c'est
à l'ionisation normale de l'air et à l'obscurité
des nuits qu'il faut attribuer la formation des
brouillards et de la rosée nocturne.

En résumé, une solidarité étroite unit ensemble l'électricité + et le magnétisme — qui sont
deux forces antagonistes, équivalentes et complémentaires l'une de l'autre, et il existe entre
elles le même rapport que celui qu'il y a entre
un mâle + et sa femelle — [1]. Entre un champ
électrique superposé à un champ magnétique
et un couple de deux sexes contraires pareillement superposés, la différence du travail est

---

[1]. — Voir la note 7 des notes finales.

purement nominale. Il en est de même pour les rayons ultra-violet et infra-rouge dont la super-position engendre le spectre visible.

Je représente alors le travail de ce couple électro-magnétique par la figure 33 qui s'explique de même que les figures qui précède.it.

Aucune expérience ne confirme mieux le principe de la reversibilité et la loi de l'action *chimique* égale à la réaction que celles de la synthèse et de l'analyse de l'eau avec leurs cycles d'aller et de retour ; nulle aussi n'affirme davantage la conservation de l'énergie et de l'Etendue dans l'Espace ; nulle enfin ne démontre mieux l'élasticité de la Matière et la fixité de la Force.

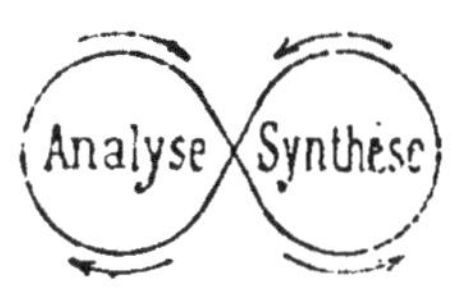

Fig. 33.
Quand le courant va de gauche à droite il synthé-tise ; quand il va de droite à gauche, il analyse.

Le fait est donc bien établi : physiquement et chimiquement, la condensation d'un gaz donne lieu à un dégagement de chaleur sensible qui rayonne à l'extérieur de la Matière au lieu de rayonner à l'intérieur. En conséquence, si on admet la théorie d'un Univers gazeux à l'origine, il faut nécessairement admettre que la Force, qui y était primordialement incluse, multiplie l'intensité de ses rayonnements de toute l'énergie qu'abandonne la Matière à chacune de ses condensations. Quand la Matière orginelle sera entièrement condensée à l'état solide, elle aura donc son maximum de densité et d'inertie avec son minimum de volume ; au contraire, la Force aura son maximum d'intensité et d'activité correspondant à son minimum de passivité. C'est cette Force libérée, rayonnante, distribuée dans l'Espace que je nomme ici le *Volume Originel du Monde*, qui constitue l'Ether incompressible ; c'est elle qui est l'Ame de la Matière, elle qui la condense, la façonne et la réduit pour en faire, dans la suite incalculable des Temps et par la chute successive des Astres les uns sur les autres, le noyau central, solide et inerte mais décompressible et reversible du Cosmos. Lorsqu'elle sera rendue à cette extrême limite, la Force ressuscitera le Monde en le ramenant à son premier état gazeux, grâce à la puissance de ses radiations obscures dont les effets nous sont connus.

Qu'on vienne donc, maintenant, parler de l'emmagasinage de l'Energie dans la Matière réduite à son plus petit volume ! Qu'on ose donc soutenir que le Radium est un réservoir de forces colossales dites *intra-atomiques* ! Hé bien, et le retour ? Et la réversibilité ? Et la résurrection de cette énergie ainsi pétrifiée, métallisée et figée pour l'éternité ? qui donc déclenchera le ressort de cette veuve ?

Ah ! la belle prétention que celle de nous faire accroire que l'électricité est la *conséquence* de la dissociation de la Matière, et de vouloir nous faire prendre une cause pour un effet ! Comme si les phénomènes de radio-activité n'étaient pas simplement une autre forme des manifestations électriques et magnétiques, lumineuses et obscures.

Qu'est-ce qu'une doctrine qui prétend *identifier* par une syncope la Matière et la Force et qui est dans la nécessité inéluctable de les différencier, en nommant leurs atomes *dissociés* des électrons et des ions, des positifs et des négatifs, disons crument des testicules et des ovaires ?

Comment l'auteur et les inventeurs de la radioactivité n'ont-ils pas vu, par cette dissociation de particules qui s'attirent et se repoussent, qu'ils avaient découvert accidentellement un nouveau mode d'accouplement des grandes Forces naturelles, disons scientifiquement *un nouveau procédé d'analyse électro-magnétique ?* N'est-ce pas là, vulgairement, se... boucher. les yeux ?

Je me doute bien que ses adeptes et lui, partisans de la *force balistique*, vont plaider, par exemple, que cette force est logée à l'intérieur de chaque grain de poudre et qu'elle est aussi *intra-atomique*, mais je suis pour les contrarier, en soutenant qu'elle est extra-atomique attendu que ces grains reprennent dans l'air le volume et l'énergie nécessaires au développement et au maintien de leurs gaz.

J'ai expliqué ce mécanisme et montré que les explosifs sont des corps qui, suivant leur degré de condensation, ont successivement perdu plus ou moins de leur volume et de leur chaleur d'origine ; il est donc aisé de comprendre qu'ils ne peuvent revenir en arrière, pour changer d'état, qu'en empruntant à l'air ambiant qui doit les revivifier la chaleur latente et le volume perdus. Aussi observe-t-on toujours un brusque refroidissement de l'air après chaque explosion de poudre. C'est pour cette raison que les explosifs se décomposent plus lentement et sans explosion dans le vide (*Bianchi*), et que la poudre en poussière (je dis moins baignée d'air) est moins explosive que la poudre granulée qui est plus aérée.

Voici, d'ailleurs, un passage d'une communication que j'ai faite sur ce sujet à l'Académie des Sciences en 1886 :

« Cependant, si l'air n'intervient pas chimi-
« quement par son oxygène, il est physique-
« ment l'auxiliaire indispensable du phénomène.

. . . .

. . . . On s'explique, en effet,
« la puissance destructive qu'acquièrent le
« coton-poudre et la nitro-glycérine qu'on dépose
« *sans bourrage* dans un trou de mine. En de
« telles circonstances, la réaction est instan-
« tanée et l'effet mécanique est terrible : l'air,
« que rien ne gêne, se rue de tous côtés pour
« céder la chaleur latente et le volume néces-
« saires ; la vitesse avec laquelle il est aspiré,
« surtout de haut en bas, le fait agir comme un
« bélier et il assomme le rocher qui vole en
« éclats. De même pour le recul de l'arme où
« l'air afflue, condensé comme *une masse*. La
« vitesse de la déflagration et la violence de
« l'effet mécanique sont ainsi soumises à l'arrivée
« de l'air, porteur de la force vive [1].

« C'est là une notion d'ordre nouveau qui
« ne sera pas sans intérêt pour l'emploi des
« matières explosives, selon qu'on leur deman-

---

[1] — C'est si vrai que, malgré la loi de la pesanteur,
l'eau d'un réservoir ne s'écoule pas sans l'arrivée de l'air
qui porte la force vive.

« dera des effets mécaniques plus lents ou plus
« soudains. »

(*La Chaleur et le Froid*, 3e supplément 1885).

Un ressort bandé ou le chien armé de notre
fusil ne se déclenchent pas spontanément et
le poids qu'on suspend à une corde ne retombe
que si on rompt la corde. Ils sont des billets
à ordre attendant l'échéance, par conséquent
des *négatifs* —. Or, on sait bien qu'un billet à
ordre n'échoit pas spontanément et qu'il exige
un encaisseur pour le présenter, un huissier
pour le protester et un tribunal pour le faire
exécuter. C'est une valeur négative — ou
latente —, c'est-à-dire condamnée d'avance à la
stérilité — tant qu'une autre puissance, celle-là
positive + ne viendra pas la féconder + et la
rendre sensible +.

De même que les ressorts, les explosifs sont
donc des corps plus ou moins élastiques et
nerveux qui peuvent, tel l'iodure d'azote, exploser par le frottement léger de la barbe d'une
plume ; mais il leur faut nécessairement cette
étincelle de vie qui leur vient de l'ambiance,
divin séjour de vie et de liberté.

Il n'y a donc pas à le nier, le Radium ne tire
pas *de lui* les radiations actives qu'il émet ; de
même que tous les autres corps de la Nature,

il les emprunte aux radiations du dehors qu'il invite à faire jouer le mécanisme de ses atomes. Le Radium est un principe *mécanique* mais il n'est pas un principe *dynamique.* C'est un fusil chargé et tout prêt à partir sur l'ordre de la gachette, ou une horloge montée et prête à marquer l'heure qui attend le *coup de pouce* pour sa mise en marche ; or l'ordre ou le coup de pouce sont des *excitants* du dehors.

Qu'on dise du Radium qu'il est de la Matière, condensée *grâce à son élasticité,* et qu'il exige des milliards de chevaux vapeur par seconde pour se dissocier et se volatiliser, voilà qui est un but et se comprend ; mais qu'on emmagasine en lui, *en dépit de la rigidité* qui est un caractère dynamique, des milliards de chevaux vapeur d'énergie *condensée*, c'est là du dévergondage scientifique.

Hélas ! monsieur, en voulant faire disparaître la dualité classique de la Matière et de l'Énergie ou du pondérable et de l'impondérable, vous n'avez pas compris la nécessité de l'homogène et de l'hétérogène, ni saisi le lien qui les unit ; même, vous avez trahi vos propres expériences qui vous criaient que l'énergie *ne sort pas* de l'atome mais qu'*elle y rentre*, ce qui est le contraire. Extériorisée et libérée de la

Matière à l'origine de sa condensation, elle s'y intériorise de nouveau pour la *décondenser*, et c'est ce jeu mécanique incessant d'expiration et d'inspiration qui constitue la vie universelle. Votre énergie *intra* est *extra* pour redevenir *intra*, voilà la vérité.

Ce n'est donc pas encore à présent que la formule nouvelle « *rien ne se crée mais tout se perd* » remplacera celle classique et séculaire de « *rien ne se crée, rien ne se perd* ».

CHAPITRE XIII

**§ I. — L'HYDROGÈNE OU LA MATIÈRE ORIGINELLE.
SES CONDENSATIONS.
TABLEAU CHROMATIQUE DES HUIT PREMIERS
CORPS GAZEUX DE LA CRÉATION.
§ II. — FORMATION DE L'ATMOSPHÈRE.
GÉNÉRATION ET CONSTITUTION DE L'EAU.
SON TRAVAIL MÉCANIQUE EN PALÉONTOLOGIE.
SA STRUCTURE ANATOMIQUE.
ROLE DES NEIGES, DES NÉVÉS ET DES GLACIERS
DANS LA NATURE.**

---

§ I. — L'HYDROGÈNE OU LA MATIÈRE ORIGINELLE. SES CONDENSATIONS. TABLEAU CHROMATIQUE DES HUIT PREMIERS CORPS GAZEUX DE LA CRÉATION.

Je peux maintenant aborder l'Hydrogène pour en faire la *Matrice de l'Univers*. L'Hydrogène gazeux ! Voilà du moins une base solide et une personnalité que nous connaissons bien. Avec elle, à la bonne heure, on peut marcher sans crainte, on n'aura pas de surprise.

Nous avons, en effet, son étymologie, son symbole, son équivalent, son poids atomique, son pouvoir conducteur du calorique et de l'électricité, la couleur de ses raies spectrales, et même jusqu'au son de sa voix musicale[1]. Son universalité, son caractère, son tempérament, ses alliances, sa descendance nous sont si bien connus qu'on pourrait facilement écrire sa généalogie. Il s'unit à l'Oxygène pour créer l'Eau, à l'Azote pour engendrer l'Ammoniaque, au Carbone, au Fluor, au Chlore et à tous les autres métalloïdes et métaux pour donner naissance à des combinaisons hydrogénées, bi-sexuées de plus en plus denses, qui sont la souche des trois grands règnes.

Voici qui est encore autrement significatif :

Dans toutes nos analyses, la loi est absolue, l'Hydrogène revient toujours au pôle négatif — de la pile, et ce *négativisme* inflexible est assurément la plus fière affirmation que ce gaz est bien la *Matière originelle*. Parti le premier dans la route de la condensation, l'Hydrogène, fatalement, doit revenir le dernier.

Ainsi se vérifient cette parole de l'Evangile

---

[1]. — La combustion de l'Hydrogène dans l'appareil connu sous le nom d'*Harmonica chimique* engendre des vibrations musicales.

« *les premiers seront les derniers* », et ce principe
de nos ouvrages « *le courant va toujours du positif + au négatif —* » que je traduis en disant :
l'*Hydrogène sort toujours le dernier du courant.*

Avec l'Hydrogène comme point de départ,
on peut donc suivre tout à la fois les métamorphoses de la Matière et les transformations de la
Force.

Bien que l'état actuel de nos connaissances
scientifiques ne permette pas d'établir avec
certitude la nomenclature chronologique des
premiers corps de la Création, il n'est pourtant
pas défendu de la prophétiser quand la prédic-
tion ne doit rien emprunter au hasard.

Déjà, si on considère le poids atomique
reconnu à certains corps dits *simples,* tels que le
carbone (12), l'azote (14), l'oxygène (16) et celui
de l'eau (18) qui est dite corps *composé,* déjà,
dis-je, il est logique de penser que tous les corps
de la Nature doivent se condenser par couple
reproducteur de 2 volumes qui est la différence
observée ci dessus, dont un volume masculin +
et un volume féminin —.

D'autre part, si l'attention se porte sur quelques autres métalloïdes, tels que le Chlore, le
Brome et l'Iode, on est frappé de la relation qui
existe entre la densité, l'état, la coloration de ces

corps, et l'ordre de réfrangibilité des couleurs du spectre lumineux. En effet, le chlore gazeux est *vert*, le Brome liquide est *jaune* et l'Iode solide est *orangé* lorsqu'on le dissout.

Un tel accord ne peut pas être accidentel et j'y découvre une loi de classification par gammes et octaves que je représente dans le tableau suivant, (fig. 34.)

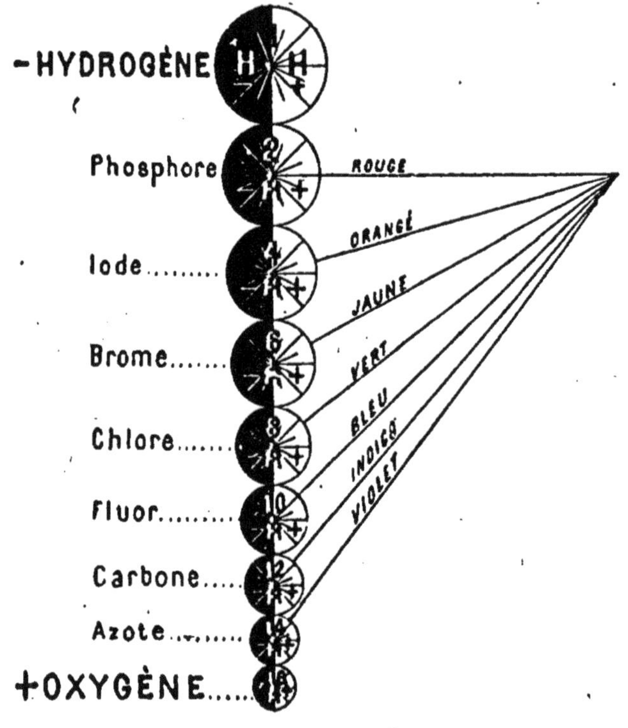

Fig. 34. — Première gamme chromatique en volumes et par ordre de condensations croissantes des corps invisibles et gazeux de la Création avec leurs valeurs propres.

Ce tableau chromatique de la gamme en volumes des premiers corps de la création les met chacun en correspondance avec un des rayons du spectre lumineux ; or, le phosphore devient rouge à la lumière, l'iode dissous est orangé, le brome est jaune et le chlore est vert comme on l'a dit plus haut. Mais ce n'est pas tout ; les autres corps, le fluor, le carbone, l'azote ont leurs spectres bleu, indigo et violet. Enfin leurs composés présentent ces colorations[1].

§ II. — FORMATION DE L'ATMOSPHÈRE. GÉNÉRATION ET CONSTITUTION DE L'EAU. SON TRAVAIL MÉCANIQUE EN PALÉONTOLOGIE. SA STRUCTURE ANATOMIQUE. RÔLE DES NEIGES, DES NÉVÉS ET DES GLACIERS DANS LA NATURE.

Dynamisée par les radiations qui y étaient incluses, la Matière Originelle donna donc peu à peu naissance par deux volumes à la fois à une première gamme chromatique de sept types gazeux de condensations différentes d'où devaient ensuite dériver tous les autres, chacun d'eux engendré par son double rayon coloré lumineux et obscur, et chacun d'eux libérant aussi, sous forme de chaleur, de lumière ou d'électricité le dynamisme inclus.

---

1. — Voir la Chaleur et le Froid, 3ᵉ supplément, 1884, pages 92 et suivantes.

Ce fut là l'Atmosphère.

L'apparition de l'Oxygène au sein de la Nature fut le couronnement de cette première phase de la Création. C'était l'achèvement de l'Atmosphère gazeuse. C'était, à l'intervalle d'une octave, la répétition du principe qui de négatif — (Hydrogène) devenait positif + (Oxygène) [1], et la possibilité de monter à l'octave supérieure dans la gamme liquide, c'est-à-dire d'atteindre à la création de l'Eau qui allait, en se condensant, inonder l'Univers de toute sa chaleur de formation.

Et quel rôle que celui de l'Eau ! Quelles métamorphoses méconnues de la Science que celles de cette enchanteresse !

J'ai conscience que je vais dire une chose énorme... il faut pourtant avoir le courage de l'écrire.

Hé bien, l'eau renferme de l'Azote, du Carbone, du Fluor, du Chlore, du Brôme, de l'Iode et du Phosphore qu'elle distribue chaque jour à notre insu aux trois règnes de la nature.

---

1. — Un jour, quand la classification des métalloïdes et métaux sera bien établie, le tableau montrera qu'ils se croisent et alternent tous de négatif — à positif + et de positif + à négatif — en constituant des gammes de densités croissantes.

Il est d'abord illogique de penser que tous ces corps puissent être assimilés par la plante à l'état solide avant d'avoir passé par l'état liquide, car ce serait contraire à la loi des trois états. D'autre part, il est certain que la condensation de l'Hydrogène (1) en Oxygène (16) ne s'est faite que par degrés successifs, puisque nous connaissons des corps et des nombres intermédiaires qui sont le carbone (12) et l'azote (14). Or ces chiffres ont leur éloquence car ils s'accordent avec les principes de la numération et avec les lois naturelles de la descendance.

Aussi sûrement que les nombres 12, 14 et 16 sont inclus dans celui de 18 d'où nous les extrayons chaque jour à notre volonté, aussi sûrement le carbone 12, l'azote 14 et l'oxygène 16 sont inclus à l'état de *germes liquides* dans l'eau, leur véhicule naturel, qui les concrète ensuite dans le corps des êtres qu'elle imprègne, puisque l'analyse les y découvre sous la forme de principes solides qui ont en eux les caractères ancestraux. Les lois d'atavisme et d'hérédité s'étendent à tous les êtres de chacun des trois règnes.

D'origine antérieure les uns aux autres, tous les types variés de métalloïdes dont j'ai donné le tableau sont donc à l'état de *germes gazeux* dans le corps de l'oxygène de l'air, et à l'état de *germes liquides* dans le corps de l'eau qui est, elle-même, avec l'oxygène de l'air, génératrice de la Terre.

L'Air créant l'Eau, l'Air et l'Eau créant ensemble la Terre, tel est le programme de la Création et telle est aussi la loi des trois états.

Les propriétés négatives de l'Azote, son volume, sa densité, son poids atomique 14, tout indique qu'il est l'auteur direct de l'Oxygène positif + 16, et que son énergie se dépense en entier à régénérer l'oxygène de l'air atmosphérique consommé journellement dans la vie des êtres.

La raison exige que l'azote de la plante ne soit pas assimilé par elle à l'état gazeux, et tout atteste d'ailleurs que c'est l'eau qui doit fournir celui qu'on y rencontre.

Qu'il plaise de rechercher si de l'azote *de retour* n'est pas régénéré de l'eau par certains rayons *violets* réfractés toutes les fois qu'on expose au soleil des plantes plongées sous l'eau (*Expériences de Saussure*), et si les premières bulles gazeuses qui s'échappent de l'eau qu'on chauffe, loin d'être de l'azote *dissous* dans l'eau comme on le croit, ne sont pas un premier degré d'électrolyse avec régénération d'azote ?

(Expériences Thénard — Expériences William Grove).

Qu'on veuille bien aussi méditer les faits et observations qui suivent :

— Dans ses expériences sur la dissolution de l'eau pure, Sainte-Claire Deville a toujours obtenu des quantités d'azote qui variaient *de* 6 à 24 % ! Lit-on bien 24 % ?

— Schonbein a observé qu'il se forme de l'azotite d'ammoniaque pendant l'évaporation de l'eau distillée qu'on fait tomber goutte à goutte dans une capsule de platine chauffée au rouge ; et, chose remarquable, il a constaté que la capsule chauffée seule au milieu de l'air sec ne donnait lieu à aucun phénomène, mais que les réactions apparaissaient dès qu'on versait de l'eau.

— Cavendish a aussi constaté la formation d'acide azotique dans l'air *humide* et jamais dans l'air sec.

— On sait que la fabrication industrielle de l'acide sulfurique repose sur le dédoublement par l'eau de l'acide hypoazotique qu'elle sépare en acide azotique et en bi-oxyde d'azote. N'est-on pas alors en droit de se demander si la vapeur d'eau, qui est indispensable à cette fabrication, ne joue pas un autre rôle que celui qu'on lui attribue, en fournissant elle-même tout ou partie de l'azote nécessaire au renouvellement de l'acide azotique ?

Je pourrais encore parler de l'oxydation du fer à l'air *humide* avec formation d'ammoniaque, citer les analyses faites par Lévy sur l'air de la Mer du Nord qui renferme toujours plus d'azote que l'air ordinaire, ou bien résumer les travaux de Müntz, Schloesing, Berthelot, Lawes et Gilbert qui ont vainement tenté de démontrer l'assimilation directe de l'azote de l'air par les plantes, mais à quoi bon ? Quand j'aurai, pour en finir, rappelé l'action fertilisante des pluies dans le sol de la Limagne qui ne reçoit aucun engrais, et la formation inépuisable du nitre dans les caves humides et dans les nitrières naturelles, n'aurai-je pas suffisamment préparé les esprits à accepter comme une conviction ce qui est dans le mien à l'état de certitude ?

Pour les mêmes raisons d'*inclusion*, et par un mécanisme d'assimilation que les découvertes scientifiques feront plus tard connaître, l'eau fournit au végétal et à l'animal le Carbone qui constitue le tissu de celui-ci et le ligneux de celui-là.

Dualisée dans sa constitution par la science officielle. *Octaviée* dans ma conception, compressible, élastique, se prêtant à toutes les formes des vases qu'elle remplit et des tissus qu'elle imprègne, habitant partout et partout habitée, faisant cristalliser les corps dans tous les systèmes, les agrégeant et les désagrégeant tour à tour par des actions et des réactions chimiques, physiques, mécaniques et biogéniques, en un mot les métamorphosant par un double pouvoir inverse constructif et destructif, l'eau répand donc alternativement la vie et la mort dans l'Univers.

Or, de ces actions et réactions dynamogéniques soumises à des lois rigoureuses, on peut déduire des conséquences inattendues pour l'histoire du Monde.

Dans une excursion que je faisais en Normandie avec ma famille et un jour que nous allions en voiture de Grandcamp à Port-en-Bessin, notre conducteur, mis en éveil par la conversation, m'offrit d'aller nous *cueillir* des pierres qui, disait-il, *poussaient* dans les tranchées fortement inclinées de la route. Cette proposition, singulière dans les termes où elle était faite, piquait ma curiosité; j'acceptai. Il descendit de son siège, sortit de sa poche un couteau qu'il ouvrit pour en labourer la tranchée et, bientôt il me rapportait quatre à cinq petites pierres ayant la forme d'un fer de lance ou d'un crayon taillé, que je reconnus sans peine comme étant des *bélemnites*. Il ajoutait en même temps que ces pierres *poussaient* généralement après les pluies.

J'en cassai une et, à sa structure intérieure cristallisée et radiée, la pensée me vint de suite que ces bélemnites, qu'on prétend des *fossiles*, étaient simplement des concrétions modernes, formées sur place à la manière des stalactites par une action mécanique que je vais décrire.

Le travail mécanique de l'eau dans le sol en pente de terrains calcaires et siliceux ramollis par des pluies est plus merveilleux qu'on ne le pense.

En traversant ce sol détrempé, qu'elles désagrègent, les eaux s'y chargent de tous leurs éléments solubles qu'elles entraînent avec les particules limoneuses les plus fines dans les sillons qu'elles se creusent. Leur écoulement, d'abord rapide, devient ensuite plus lent pour se terminer goutte à goutte, chaque goutte *taraudant* le sol en forme de filière à vis et déposant ses sels dans la gorge de ces moules, à mesure que le sous-sol voisin aspire par succion le liquide en excès à la manière d'une trompe à eau. Une seconde couche s'ajoute à la première et ainsi de suite jusqu'à cessation de tout écoulement d'eau et assèchement complet du sol. Ce taraudage varie nécessairement suivant la consistance du sol, sa nature, les obstacles qu'il y rencontre et le système de cristallisation ou de disposition moléculaire des éléments dissous. De là ces bélemnites et ces variétés de coquilles en forme de vis, de trompes tubuliformes, de céphalopodes et autres mollusques, avec ou sans cloisons et de dimensions plus ou moins grandes qu'on rencontre dans les terrains sédimentaires et dans les couches métamorphiques de la surface du Globe.

Les bancs de roches calcaires, qu'on voit à Pontaillac, près de Royan, sur les bords de l'Océan, sont en partie constitués par des amas de nautiles de grande dimension en voie de formation, et les Tufs calcaires de la Touraine renferment des quantités de coquilles *dites fossiles* qui sont, pour moi, d'origine contemporaine.

Il suffit d'observer attentivement ces Tufs calcaires pour constater que les couches végétales du dessus forment, à leur contact, les tufs du dessous par de lentes réactions métamorphiques dont nous ignorons le mécanisme, mais dont l'origine n'est certainement pas diluvienne au sens qu'on attache à ce mot. Le Globe s'augmente annuellement de toute la dépouille des êtres qui meurent à la surface. Il en résulte que le niveau si élevé des montagnes n'est pas entièrement dû à des soulèvements volcaniques car elles s'accroissent. aussi de tout ce qui végète sur elles, de même que le fond des Océans s'élève aussi chaque jour des dépôts qui s'y forment, si bien qu'on peut dire de la Terre et des Eaux que l'une s'accroit par la tête et les autres par le fond.

Sans nier absolument les grandes découvertes de la Paléontologie, il y a du moins des raisons pour soutenir que certains de ses fossiles, sinon tous, sont de véritables créations d'*organismes minéraux vivants* dont l'existence a été souterraine au lieu d'être marine ou aérienne. Si l'air est peuplé d'oiseaux et l'océan de poissons, il est rationnel de croire que la Terre doit aussi être habitée par des espèces minérales *vivantes* dont l'existence est soumise aux mêmes lois de naissance, de croissance et de mort que celles qui régissent les deux autres grands règnes.

Rien ne prouve que les forêts de houille aient l'origine d'enfouissement qu'on leur attribue et qu'elles ne représentent pas au contraire, une véritable végétation sous-terrestre et horizon-

tale. A côté d'une flore et d'une faune visibles à
la surface du sol, il y a aussi une flore et une
faune invisibles à l'intérieur du Globe. La vie
est répandue partout, blanche par ici, noire par
là, en dessus comme en-dessous. L'existence
d'une flore *nègre*, naissant et se développant
sous terre en couches parallèles *dans le sens
transversal*, n'est pas plus difficile à admettre
que l'existence reconnue de races humaines
nègres vivant en foules serrées à la surface du
Globe sur lequel elles se développent dans la
station verticale.

Que connaissons-nous donc du travail mécanique des courants électro-magnétiques qui
dynamisent la Terre et les Eaux ? Que savons-
nous donc de ce grand Organisme Planétaire
qui vit, qui respire, qui a chaud, qui a froid, et
qui, comme nous, a aussi ses fonctions d'assimilation et de désassimilation, sa circulation
artérielle et veineuse, ses muscles, ses nerfs,
et tout son épanouissement de santé, de maladies et de convalescence ?

Si l'eau a le pouvoir de constituer le tissu
anatomique et charnu du végétal et de l'animal
qu'elle pénètre et imprègne, au nom de quel
principe logique pourrait-on lui refuser le pouvoir de créer aussi la charpente et la chair

minérales des êtres que nous disons *fossilisés*.

La Paléontologie est une science de ruines qui ne vit que de la mort des êtres ; pourquoi refuserait-elle aux fossiles la vie qu'elle s'octroie si généreusement à elle-même ? Il lui suffit d'une volte-face pour devenir une science de vie.

Aussi bien, l'eau a elle-même une organisation et une structure anatomique dont je vais donner ici des figures parlantes et d'une telle éloquence qu'elles pourront convaincre les plus sceptiques que je ne suis pas aussi loin de la vérité que peut-être ils le pensent.

La dissection anatomique d'un morceau de glace a été faite par le professeur Tyndall qui, à l'aide de projections électriques, a montré à ses auditeurs émerveillés qu'elle renfermait des groupements variés de cristaux en aiguilles et en lames qui avaient l'aspect de fleurs.

Or, c'est précisément dans ce merveilleux assemblage de fleurs que je reconnais sans peine tous les organes de la végétation. J'y aperçois le calice, la corolle, les étamines et les pistils qui sont, on le sait, les organes de la fructification ; et, tout comme sir Tyndall, je crois même entendre le tintement cristallin de la glace fondante qui m'annonce *le déchirement de l'ovaire et l'épanouissement de la vie végétale*. La glace qui fond roule la vie avec elle et marque l'instant précis de son apparition.

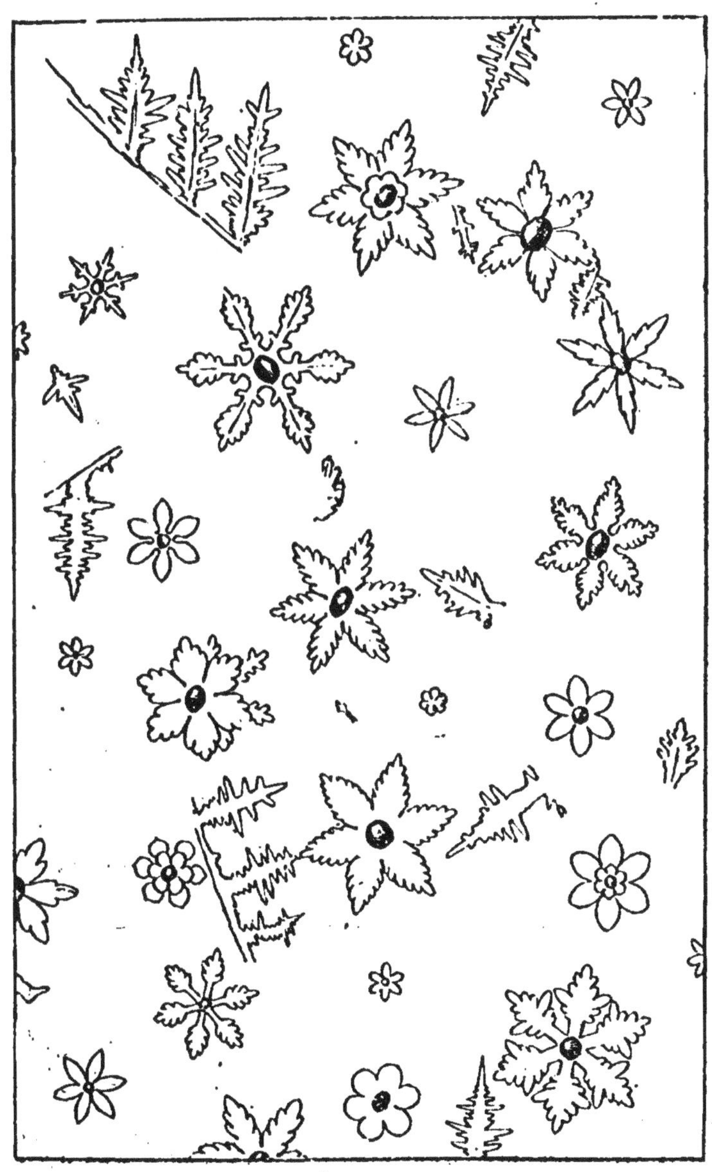

Fig. 35. — Fleurs de la glace.

Fig. 36. — Fleurs de neige.

La figure 35, empruntée à l'ouvrage de Tyndall sur « *la Chaleur* », représente l'image de ces fleurs.

La beauté des *fleurs de neige* n'est pas moins admirable ; telle est même sa perfection cristalline, qu'un botaniste y pourrait étudier la classification de la flore végétale pour nous décrire ensuite les sept grands ordres que les rayons colorés y engendrent.

En voici la figure (fig. 36), empruntée au même ouvrage.

Mais qu'était-il besoin de ces témoignages pédagogiques lorsqu'il n'est personne de nous qui n'ait admiré dans son enfance ces cristallisations arborescentes en forme d'algues et de feuilles de fougères que les hivers rigoureux font apparaître sur les vitres de nos appartements, sur les arbres givrés et sur le sol congelé ? Comme si le Créateur avait voulu nous faire connaître l'ordre chronologique de l'apparition des espèces végétales !

Pour moi, point de doute : chaque flocon de neige et chaque goutte d'eau qui tombent du Ciel nous apportent des embryons organisés du règne végétal et des germes vivants du règne animal qui contribuent à former les assises du grand règne minéral, et c'est ainsi que je m'explique le pouvoir fertilisant des neiges et la fécondité des pluies.

Les cryptogames qui apparaissent à la longue à la surface des neigés, les mousses et les algues qui couvrent les 'glaciers, la riche végétation qui croit dans leurs moraines et les puissantes forêts qui les encadrent, tout atteste qu'ils portent la vie, non la mort, dans leurs flancs et que la vie monte à leur place à mesure qu'ils s'affaissent.

CHAPITRE XIV.

NOUVELLE CONCEPTION COSMOGONIQUE

—

Il faut enfin se faire une autre idée de la Cosmogonie et mieux comprendre le rôle des neiges et des glaciers dans la Nature. Nous en avons assez de cette histoire d'un Monde enfanté dans le chaos et sorti du désordre au milieu des flammes avec une intensité qui s'en va décroissant ; elle est aussi contraire au bon sens qu'à toutes les lois de la vie.

Quand je rappelle à mes souvenirs les expériences de Cailletet et de Pictet qui ont liquéfié, solidifié l'Hydrogène et condensé aussi l'Oxygène à l'état de fin brouillard *par le froid et la détente* ; quand je songe ensuite aux expériences de Wroblewski et d'Olsrewski sur l'azote qu'ils ont solidifié en flocons neigeux à la température glaciale de — 203° ; enfin, quand je réfléchis que les *Glaciers* dérivent des *Névés* qui naissent eux-mêmes des *Neiges*, je me laisse aller à affirmer qu'un fin brouillard suivi de neige fut la première apparition de l'eau dans la Création où elle fit les Névés, d'où sortirent les glaciers qui devinrent à leur tour les générateurs primordiaux du noyau solaire et des planètes qui l'escortent.

La Neige tombait donc au commencement du Monde.... Mais le commencement du Monde était déjà si loin que le Temps lui-même, habitant de l'Espace, ignorait sa durée. L'Univers n'avait rien du Chaos ni de la Matière informe dont parle l'Ecriture. L'Hydrogène négatif — emplissait l'Espace.

Miraculeusement organisée et portant en son sein le mécanisme complet de chaque type des trois règnes, la Matière Cosmique, diaphane, immaculée comme il convient pour un Divin Esprit, avait toute sa pureté, et la Force initiale, intelligente et éthérée, qui habitait ce corps virginal, s'irradiait en tous sens mille et mille et mille fois. L'une était l'épouse et l'autre était l'époux. Il faisait nuit et froid. Le Silence régnait et l'Obscurité y attendait le jour en appelant la Lumière qui accourait à elle, pendant que le Présent y vivait dans le Passé en regardant l'Avenir.

En ce temps-là, la Matière était si raréfiée dans l'Espace que les premiers nés de ces corps gazeux s'y unirent dans un baiser sans bruit.

La combinaison des électrons et des ions de
l'Hydrogène et de l'Oxygène fut donc silencieuse
bien que rythmée. L'Atmosphère formée com-
mença de se troubler et une brume vaporeuse,
sorte de brouillard laiteux provoqué par l'ionisation du milieu où se combinaient incessamment les électrons et les ions, s'y condensa en
flocons d'une blancheur incomparable. C'était
la *Neige*, fleur virginale du Ciel, qui venait
orner l'Espace de parterres éclatants, en y formant ces amas agglomérés que nous appelons
des *Nébuleuses*, des *Comètes* et des *Etoiles* que
nous disons être... Seigneur, ayez pitié de nous !
des Soleils en feu... Comme si tous ces amas
n'étaient pas simplement des îles flottantes de
neiges, de névés et de glaciers qui réfléchissent
et réfractent en couleurs le double rayonnement céleste pour devenir lumineuses et visibles pendant la nuit, obscures et invisibles
durant le jour, en attendant qu'elles forment
des Planètes qui viendront à leur tour alimen-
ter le Soleil !

Accumulés dans les contrées encore glaciales
de l'Espace, ces amas neigeux s'y constituaient
lentement en névés gigantesques, et ces névés
eux-mêmes y formaient des glaciers que les
radiations invisibles allaient fondre doucement

pour les métamorphoser par la suite en torrents, en rivières et en mers qui peupleraient le Monde.

Ce fut là l'époque véritable du déluge et du baptême du Monde.

Au règne gazeux succédait le régime des eaux qui venaient verser dans l'Atmosphère la chaleur bienfaisante de leur combinaison si indispensable à l'éclosion des êtres.

L'Atmosphère existait, les mers étaient créées, des êtres diaphanes éphémères, variés de forme, de couleur, de volume et de densité, suivant la réfrangibilité des rayons créateurs et aussi l'âge du Monde, multiples individualités cycliques masculines et féminines de chacun des trois règnes, isolées d'abord mais groupées plus tard en sociétés par la multiplication des espèces, pouvaient naître, vivre et mourir dans ces deux éléments pour y constituer dans la suite des siècles, par l'accroissement sans cesse grossissant de leurs dépouilles mortelles, le fond dés Océans et le noyau des Terres.

Emportées dans l'Espace par le tourbillon vital, ces îles flottantes se couvrirent donc à la longue de cryptogames tels que mousses, algues, fougères, et autres végétations sporadiques ancestrales des grandes espèces actuelles, ainsi que de germes animalisés, générateurs bi-sexués des futures dynasties animales qui constituèrent à leur mort le noyau du Soleil, premier astre-né de la Création et foyer central des radiations du Monde, autour duquel vinrent ensuite se ranger par rang d'âge et de densité les Planètes avec leurs Satellites, les Étoiles, les Comètes, les Nébuleuses et autres embryons de futures planètes qui naissent séculairement aux confins bi-polaires de l'Espace d'où part encore un rayonnement de froid.

L'Univers est un grand couple électro-magnétique qui possède, ainsi que l'homme, deux extrémités bi-polaires et un foyer cardiaque.

Pour préciser ma pensée dans cette histoire de la Création, je considère un gland comme l'embryon solide d'un grand chêne gazeux de l'Espace que la condensation a successivement réduit à sa plus minime expression pour lui faire jouer dans le Monde le rôle qui lui convient.

Initialement conçu sous la forme gazeuse, condensé liquide au sein des nuages dans un milieu de vapeurs aqueuses, il s'est ensuite réduit à l'état solide dans le giron des neiges et des glaciers pour y devenir l'embryon microscopique ancestral des espèces actuelles.

Mais un gland, je l'ai dit, a un rôle à remplir,

celui de former le sol sur lequel il doit vivre. Il doit boire l'eau des pluies pour les solidifier, c'est-à-dire qu'il doit en condenser tous les éléments pour se constituer des racines, des tiges, des feuilles, etc., qu'il retournera ensuite à leur mort au sol chargé de les minéraliser. A mesure qu'un gland se développe pour devenir un chêne, il incruste en lui, sous le nom de bois, l'hydrogène, le carbone,, l'azote et l'oxygène que l'analyse chimique y révèle et qu'il emprunte à l'eau et à l'air dont ils sont les éléments constitutifs.

Ce travail d'assimilation s'accomplit grâce au jeu des organes végétaux qui sont une inversion des organes animaux. Il est, en effet, très digne d'attention que le végétal aspire sa nourriture par les racines à *l'intérieur* du sol, tandis que l'animal s'alimente à *l'extérieur* du sol, en dehors duquel est son double appareil buccal et stomacal. En un mot, ils *capitalisent* au rebours l'un de l'autre, l'un *dessus*, l'autre *dessous*. Cette inversion de leur fonctionnement nous aide à comprendre pourquoi la plante décompose l'acide carbonique que l'animal compose, et comment elle s'assimile,ce que celui-ci rejette.

Solidifier l'Air et l'Eau pour en constituer le sol sur lequel ils doivent vivre, chacun en sens inverse, telle est la grande fonction des deux

règnes végétal et animal dans la Création; minéraliser le végétal et l'animal en couches sédimentaires et fossiligènes qui formeront plus tard des
roches, pour amener la Matière originelle à son
maximum de densité, c'est-à-dire continuer et
achever, par des actions et des réactions alternativement neptuniennes et plutoniennes d'intensités croissantes, le travail commencé par
les deux autres éléments, telle est aussi la fonction Planétaire. Les courants magnétiques Tel-
luriens opèrent la transformation ignée par leur
combinaison croisée avec ceux du Soleil qui
devient ainsi le foyer cardiaque du Monde.

A l'inverse des autres théories, cette conception
n'admet donc qu'un seul Soleil. Contrairement aussi à l'hypothèse de Faye, qui décrète
l'éternelle stabilité du système solaire en fermant
les courbes révolutionnaires des Astres, elle leur
fait décrire des courbes *spiroïdales* qui aboutis-
sent fatalement au centre vers lequel elles se
dirigent, fig. 37.

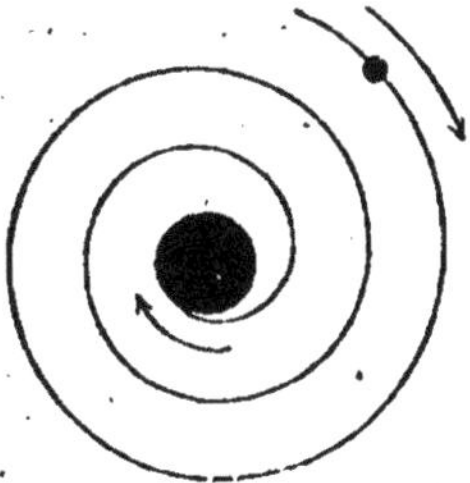

Fig. 37.

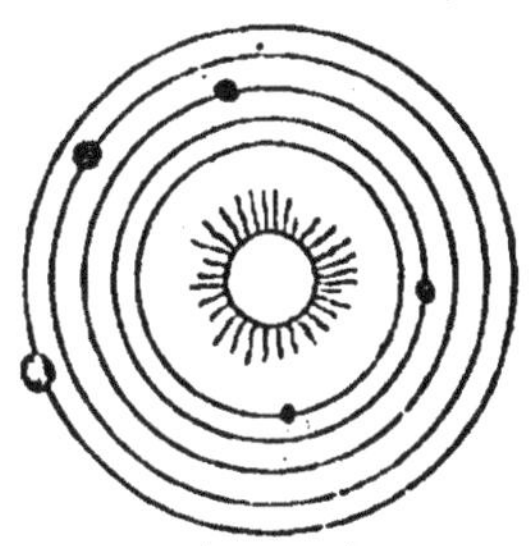

Fig. 38.

S'il en était autrement, c'en serait fait des lois de Newton et de celles de Galilée, car les Planètes ne pourraient ni attirer leurs satellites, ni tomber sur le Soleil, de sorte que l'Univers n'aurait jamais son unité *solide* (fig. 38).

Cette conception va même encore plus loin. En effet, si les Astronomes ne sont pas victimes de leurs télescopes ou de leurs calculs, et s'il est vrai que les Planètes les plus rapprochées du Soleil jusqu'à Saturne possèdent un mouvement *direct* tandis que les Planètes extérieures pré-sentent au contraire le mouvement *rétrograde*, je considère leur découverte comme un témoignage éclatant que *les Planètes de sens direct sont couplées et reliées contradictoirement avec celles de sens rétrograde par des courants dynamiques alternatifs et de sens contraire*, à la manière des bobines d'une machine dynamo-électrique, en sorte que *les systèmes Planétaires rentrent aussi sous la loi du mouvement vibratoire électro-magnétique*.

Quand j'aurai enfin rappelé l'existence dans l'Atmosphère de deux grands courants aériens de vents Alizés de température différente, qui viennent alternativement se croiser en huit de chiffres aux environs de l'Equateur pour y échanger leurs signes, et l'existence analogue dans les Océans de deux grands courants marins dont le travail et les échanges s'opèrent de la même façon, aurai-je assez étendu à l'Univers le principe mécanique de la Création ?

La Lune est donc l'Astre que la Terre a le plus à redouter. Son refroidissement constant, l'accroissement de sa densité, l'accélération toujours croissante de sa vitesse qui la rapproche séculairement de la Terre, tout prouve qu'elle doit un jour tomber sur nous. Ces chutes d'astres sont-elles pour effrayer l'esprit ? Nullement, si on veut bien réfléchir que la Terre et la Lune révolutionnent d'Orient en Occident, c'est-à-dire dans le même sens et que leurs vitesses sont faites pour s'ajouter, non pour se contrarier.

Cette notion de l'ordre établi dans la Création a l'avantage de nous faire comprendre comment Vénus n'a plus son satellite depuis le siècle dernier, époque présumée de sa chute sur la Planète ; pourquoi aussi le nombre des satellites augmente avec la distance des Planètes au Soleil, tandis qu'il diminue à mesure qu'elles s'en rapprochent : les uns sont des satellites qui naissent, les autres des satellites qui meurent, et cette constitution de leur état civil atteste que la vie et la mort règnent partout, en haut aussi bien qu'en bas.

Plus de millions de systèmes de mondes et de firmaments avec autant de soleils errant sans ordre ni but au sein de l'Univers ! Assez de ce chaos ! Plus qu'un seul système ! Plus qu'un seul Monde solaire, bien ordonné et poursuivant un but compréhensible avec un seul firmament ; au milieu, et au foyer principal du grand miroir sphérique de la voûte céleste, un seul grand Soleil en feu qui attire tout à lui ; autour de lui des Planètes escortées de satellites qu'elles absorbent ; dans le fond de l'Espace, des Nébuleuses à l'infini, futures Planètes de l'Avenir, celles-ci adolescentes, celles-là plus jeunes et encore au berceau ; tout cet univers traversé en croix comme un Saint-Ostensoir qui serait sphérique par une Radiation Divine projetant en tout sens des milliards de rayons, les uns blancs, les autres noirs, ou si on le préfère visibles et invisibles, qui incendient le Soleil et l'inversent à tour de rôle pour faire deux sortes de lumières et d'obscurités ou de jours et de nuits, de chaleurs et de froids, et autant d'autres phénomènes contraires suivant le sens de leur orientation ! Voilà la Création et aussi l'Unité telles que je les comprends.

Mais c'est en vain que cet Astre, premier et dernier représentant de la Matière solide, essaierait de résister à la Puissance : le Soleil est un condamné à mort. Quand ce gros corps ayant tout dévoré, seul au monde, éteint et devenu Planète à son tour, couvert de neiges, de glaces, et magnétique, couché sur le flanc et drapé dans son suaire blanc, aura tressailli pour la dernière fois au terme du grand voyage d'aller, la Force actionnera ce cadavre inerte pour ramener la Matière à son premier état et elle défilera le monde comme elle l'avait filé.

Ainsi pensait jadis la vertueuse Pénélope qui défaisait la nuit le travail du jour.

Tel qu'un fil enroulé sur un fuseau qui se déroule du centre à la périphérie par l'inversion de ses révolutions (fig. 39), tel aussi l'Univers se déroulera lentement par une suite de révolutions à deux demi-révolutions dont nul ne saurait avoir idée.

Fig. 39.

En vertu de réactions qui nous sont connues, les neiges et les glaces fondront sous l'action des radiations obscures du ciel ; des courants dynamiques s'établiront et les eaux décomposées reprendront peu à peu possession de l'Espace. Une atmosphère gazeuse se reformera pendant qu'un mouvement gyratoire rétrograde de plus en plus accéléré emportera le Colosse que ravageront des révolutions intestinales plus ou moins séculaires, jusqu'au moment solennel où l'Univers solide rera redevenu gazeux.

Etais-tu homme, ô Paracelse, quand tu écrivais que le monde et l'homme sont une vapeur condensée qui s'en retournera vapeur ?

Quoi ! L'Univers créé sera décréé ! Toutes les existences rentreront dans le Néant ! Toutes les productions les plus merveilleuses de l'esprit dans le domaine des Sciences, des Lettres, des Arts et de l'Industrie sont appelées à disparaître ! A quoi bon nous avoir tirés du Néant et que deviennent nos croyances ? Est-ce donc là le but de la Création ?

Ah ! je ne me pardonnerais pas d'avoir troublé les consciences, si je pouvais moi-même concevoir le Néant, et si la Création de son berceau à son tombeau et de son tombeau à son berceau ne m'apparaissait pas comme un véritable bienfait. Ma raison se refuse à la stabilité des choses dans la Création, car l'instabilité est toute la Création ; c'est la loi-même du mouvement.

Je vais donc, à présent, étudier le but de la Création dans une troisième et dernière partie qui me servira en même temps de conclusion.

TROISIÈME PARTIE

CHAPITRE XV

§ I. — **BUT DE L'UNITÉ ET DE LA CRÉATION.**
§ II. — **CONCLUSION.**

---

§ I. — BUT DE L'UNITÉ ET DE LA CRÉATION.

J'ai défini la *constitution* de l'Unité et analysé sa *fonction;* quand je l'aurai présentée dans son *but* qui est celui de création, j'aurai fait connaître les trois principes fondamentaux de l'Unité.

Créer + et décréer — pour recréer + sans cesse, telle est la loi suprême. C'est le mouvement sans fin, incessamment varié ou la vie éternelle sans cesse renouvelée en vue d'une perfection à atteindre mais qui n'a pas de bornes et ne peut pas en avoir sous peine d'arrêter la

Création. Limitée dans son principe, la Création est illimitée dans son but.

Lever et abaisser le pied gauche pour faire une petite onde, lever et abaisser le pied droit pour agrandir la première onde de moitié, continuer ainsi de Paris à Rome pour faire une grande vibration d'*aller* + (→) qui appelle sa grande vibration de *retour* — (←) à Paris, afin d'avoir sa grande onde ou *unité de voyage ;* ou bien encore aller du petit au grand pour revenir du grand au petit, et recommencer encore, toujours, sans cesse, voilà le but de l'Unité dans la Création. Partir du zéro pour aller aux plus grands nombres et de là revenir en sens inverse au zéro ; diviser pour multiplier et multiplier pour diviser, ou bien faire tout avec rien et de tout refaire rien ; voilà encore et toujours le but de l'Unité ou de la Création.

Y pensez-vous ? s'écriera-t-on avec indignation, ce que vous dites est une contradiction ! — Précisément, répondrai-je doucement, c'est pour ce principe que je combats. Il n'y a pas d'équivoque, je plaide ici, et le répète, la cause de la contradiction qui mène seule à la vérité, car elle est l'essence même de la Divinité. Ce n'est donc pas une affaire de mots mais une question de principe.

Se contredire ? — La réponse n'est plus à faire car elle se trouve à chaque page de cette critique.

Se contredire ! — Mais c'est là le principe mécanique de la Création, la méthode fondamentale des Sciences et le point de départ élémentaire de tous nos actes.

Emplir pour vider et vider pour remplir, ou du mouvement dans un sens et du mouvement dans un autre sens ! c'est-à-dire toujours du mouvement + et rien que du mouvement +, de l'action +, de la volonté +, et enfin de la vie + par deux temps à contre-sens l'un de l'autre, voilà bien la contradiction. Créer de l'énergie pour la conserver et l'accroître à perpétuité par un progrès incessant dont le principe est contradictoire et héréditaire, voilà bien aussi le but de l'Unité dans la Création qui est un acte *positif* + : la Création est une *affirmation* +.

La figure 49 du *progrès* + et du *regrès* — fournit la preuve de cette vérité.

Cette figure démontre que le mouvement ascensionnel s'accomplit par une suite périodique et alternative de phénomènes contradictoires. Aussi a-t-on pu dire très justement que tous les progrès réalisés dans le génie des langues et de la religion étaient dus aux disputes des grammairiens et des théologiens.

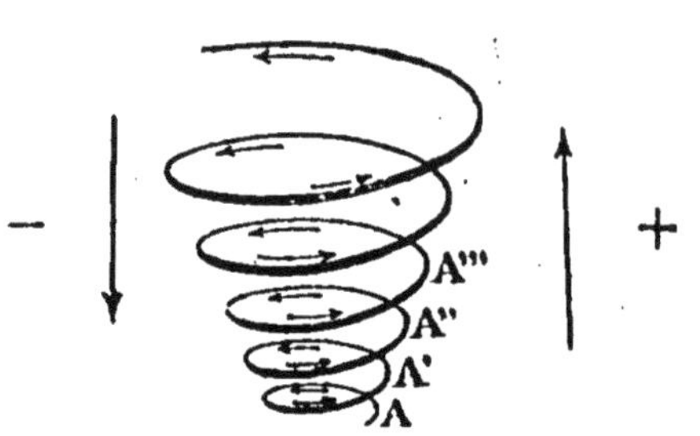

Fig. 49. — Marche du progrès.

Légende : Parti de A, période de lumière dans le plan d'avant, le courant passe à chaque spire dans le plan d'arrière, période d'obscurité, pour revenir dans le plan d'avant en A', nouvelle période de lumière, et ainsi de suite en A'', A''', etc. ; chaque fois avec un nouveau progrès puisque la nouvelle révolution est au-dessus de la précédente, et avec une plus grande intensité puisqu'elles se multiplient.

La flèche de gauche — est celle du *regrès* qui descend ;
La flèche de droite + est celle du *progrès* qui monte.

C'est pourquoi je considère la guerre comme un facteur de la civilisation, au même titre que la paix, car il y a dans l'Histoire des périodes de paix qui ont été plus désastreuses que des périodes de guerre. Entre les discussions de chaque jour et la concurrence ou la guerre que se font les individus, les sociétés et les peuples, où est la différence ? Les discussions visent un échange d'idées, la concurrence vise un échange de produits et la guerre échange les idées, les produits, leurs territoires et les hommes qui les peuplent. La civilisation est le résultat d'un grand acte qui généralise et concentre en lui tous les petits actes particuliers, et elle est le produit de deux grands facteurs contraires qui se nomment *peuples en paix* + et *peuples en guerre* —. La vibration pacifique + des uns alterne avec la vibration guerrière — des autres, et de ce double travail croisé, périodiquement rythmé, nait le grand courant de la *Civilisation*, courant positif + dont les ondes sont plus ou moins étendues. Entre le mécanisme fonctionnel de l'acte des peuples et celui des autres couples dont j'ai fait l'analyse, il n'y a donc pas d'autres différences que celles de la grandeur de l'acte, de l'intensité de la lutte et de la longueur des périodes. Le mot civilisation intensifie une valeur considérable, celle de toutes les énergies dépensées pour le produire et son rayonnement s'étend à toute l'humanité. Aussi n'est-ce pas sans surprise qu'on entend des économistes répéter que la guerre consomme en pure perte des énergies vivantes. Comme si l'éternel combat de l'autorité contre la liberté n'engendrait pas à chaque fois une conquête positive + ou négative — suivant l'orientation dynamique de l'humanité. Envisagées de très haut, les grandes luttes révolutionnaires entre les positifs + et les négatifs — de 1789, de 1848 et de 1870, ont valu à la France l'égalité civile, l'égalité du suffrage et l'égalité du service militaire. Mais il ne tient qu'à nous d'adoucir les formes des conflits pour en obtenir des résultats plus humains.

Je répète pour les hommes qui pratiquent le bien et pour ceux qui font le mal ce que je viens de dire pour les peuples en paix et les peuples en guerre, car la *Science de la morale* et ses principes sont issus pareillement du conflit éternel et alternatif du bien contre le mal. Le mal est aussi nécessaire que le bien dont il est la moitié complémentaire, et ils concourent tous deux à la même fin de création. Toucher à l'un est diminuer l'autre. Dire qu'il y a dans l'Univers une petite somme de mal contre une grande somme de bien est ruiner le principe de l'équivalence et de l'unité. Le caractère commun du mal — et du bien + est de s'équivaloir, chacun à l'opposé et en sens inverse de l'autre, et de co-exister dans le Monde au même titre que l'Ombre — et la Lumière + dont le langage a fait des compagnes inséparables. Mais l'ignorance de la valeur dynamique des antinomies et la crainte puérile de la contradiction ont empêché de considérer le mal sous son jour véritable ; on n'a vu de lui que son caractère tragique et on a laissé de côté son rôle salutaire. Or, il n'y a de mal que celui que l'homme fait, et je répète avec Épictète que notre bien et notre mal sont dans notre volonté.

Un jour, quand tu te connaîtras, ô homme, tu pourras pétrir ton corps et façonner ton âme comme il te plaira. La plasticité de tes organes te permet de modifier leur structure et d'en faire le dressage à ta guise pour changer ce que tu trouves mal.

La Religion n'a pas été étrangère à la propagation de ces erreurs. Avec sa conception du Démon et ses menaces de châtiment, elle a jeté la crainte dans les esprits faibles au lieu d'y semer l'amour, et elle a fait naître le doute à la place de la foi chez les esprits forts. C'en est assez.

La conception actuelle du mal torture l'humanité depuis des siècles ; elle révolte notre raison et elle bouleverse la Science ; elle a trop duré. Ames honnêtes, rassurez-vous. Oui, l'Univers est une dualité de deux principes contraires, mais la Création n'est ni aussi noire, ni aussi inintelligible qu'on nous l'a représentée. Cessez de considérer le mal et le bien comme deux ennemis irréconciliables, et couplez au contraire en unité cette dualité antagoniste que sa structure fonctionnelle convie à la génération ; plus les oppositions seront caractérisées et plus parfaite sera l'union, plus fécond aussi sera l'hymen. Envisagée sous ce point de vue, la Création vous apparaîtra comme un duel harmonieux que nous n'avons pas su comprendre par une fausse interprétation de ses termes.

On peut voir, à présent, qu'il suffit de rapprocher ces *Sciences Morales* avec leurs vibrations honnêtes et malséantes, et ces *Sciences Sociales* avec leurs vibrations pacifiques et guerrières, de celles de l'*Energétique*, de la *Thermodynamique* et de la *Thermochimie*, pour constater immédiatement que c'est le même mécanisme qui les engendre et que rien ne devient facile comme d'établir leurs rapports par la comparaison de leurs ondes vibratoires.

Avec la contradiction tout s'explique, sans elle rien ne se comprend. Elle est la condition essentielle de la Force, de la Vie [1]. Avec elle, l'Univers apparaît à nos yeux comme un amour sans fin et comme un désir perpétuel de créer, désir qui donne à ce grand acte un but affirmatif +, idéal et divin. Bien comprise, cette notion adoucit en nous l'amertume de la mort dont elle fait une vie négative — conduisant à une

---

[1] — C'est l'union contradictoire en long, en large et au travers de la chaîne avec la trame qui fait la force et la vie d'un tissu.

Voir aussi le paragraphe 6 des notes finales sur les Forces verticales et horizontales.

nouvelle vie positive + plus merveilleuse que celle qui la précède, grâce à son rythme pendulaire incessant d'aller + et de retour −. Espoir consolateur et vivifiant qui donne la quiétude à l'esprit dont il est la nourriture !

L'instabilité des choses d'ici-bas et de celles d'en haut me fait donc entrevoir une seconde vie et que dis-je ! mille autres vies sur les Globes et dans les Cieux. Notre vie et notre mort ne sont qu'un des chaînons de notre existence éternelle.

S'il en est ainsi, pensera-t-on, que devient donc l'Ame à la mort du Corps ?

— Hé bien, elle ne l'abandonne pas, car le corps est son bien comme elle est aussi le sien. Conçus l'un pour l'autre et originaires l'un de l'autre, avec une forme et une destinée communes, ayant vécu ensemble, partagé les mêmes joies et souffert les mêmes peines, enfin palpité dans un dernier spasme visible que nous disons mortel, l'Ame et le Corps sont au contraire immortels. Leur union est indissoluble. Il n'y a pas à soutenir que la mort est une suspension de la vie ; elle est une continuation de la vie qui ne s'arrête jamais, et, de même que le corps a ses périodes d'intégrations et de désintégrations, de même aussi l'âme a ses périodes d'incarnations et de désincarnations. Leur évolution est mutuelle et leur processus est illimité. A la mort de son corps l'âme préside donc à sa destruction pour se reconstituer une nouvelle demeure qui soit mieux en rapport avec le degré de perfection qu'elle a alors atteint. Détruire son corps pour le reconstruire, l'ennoblir pour s'y purifier, telle est sa méthode et tel aussi son idéal. Ainsi d'un architecte qui, las de sa maison en ruines ou bien trop à l'étroit, la rase de fond en comble pour la reconstruire neuve et mieux appropriée à ses commodités.

« *Corpus cordis opus* », l'Ame fait son corps, disaient les poètes ; l'Ame défait son corps, pourrait-on dire aussi.

Qu'on ne croie pas, comme les Anciens, aux migrations de l'Ame dans le corps des animaux ; l'Ame est un type dynamique conçu pour un corps d'homme, non pour celui d'un quadrupède ou bien d'un volatile, et ce n'est pas en perfectionnant le corps d'un animal qu'elle pourrait rendre celui de l'homme ainsi qu'elle plus parfaits. Le perfectionnement d'un objet s'applique à cet objet et non pas à un autre. L'âme ne réintègre donc que dans un corps humain.

Qu'on n'admette pas davantage la fortuité

de ses migrations ; sa réincarnation ne s'opère pas dans un corps d'homme quelconque, Cha·que âme est une individualité, un *moi* conçu sur un type bien défini, qui ne peut s'accommoder que d'un corps analogue à celui qu'elle défait.

Elle est, au jour de notre mort, un ensemble de facultés acquises, graduellement accrues par ses longues migrations au travers de tous les corps qu'elle a successivement façonnés. Ce capital n'est pas perdu. L'Ame l'apporte avec elle au nouveau corps qu'elle forme avec les éléments sélectionnés de l'ancien, de sorte qu'il bénéficie de la totalité des progrès réalisés dans les migrations antérieures. Nous en avons des preuves dans la précocité, bien que rare encore, des *enfants prodiges* qui apportent en naissant des facultés extraordinaires. Leur précocité et leur intensité psychiques représentent toute l'énergie potentielle accumulée par leur *moi* au cours de ses existences antérieures. Chaque rénovation marque un degré montant de divinisation. Il n'y a donc rien d'étonnant à ce que nous n'ayons pas le souvenir des existences passées ; ces réminiscences sont réservées aux âmes plus avancées des créations futures.

Tourbillon astral de radiations vitales électro-

magnétiques d'intensités croissantes et noyau typique de forme humaine à l'image de Dieu, l'Âme et le corps sont des cellules, protoplasmiques de la hiérarchie divine que le Créateur promène à travers tous les cycles glorieux de ses sublimes destinées pour en faire, comme de *Lui*, un perpétuel devenir.

Aussi ma vie s'écoule-t-elle dans une quiétude parfaite avec la certitude d'avoir toujours vécu et de ne jamais mourir, en me disant que je suis une des parties constituantes du grand Tout et que la permanence éternelle de la Matière et de la Force est scientifiquement démontrée. La croyance que je continue ma vie dans le grand continu et que mon moi s'accroît par une suite ininterrompue de réincarnations satisfait ma raison ; l'espérance, doux mot, de reconnaître un jour sur cette Planète et sur celles à venir tous ceux que j'ai chéris ayant, ainsi que moi, la pleine conscience du resouvenir adoucit aussi l'amertume de les avoir perdus.

Pour résumer à présent ma pensée sur la Création et son but, je vais encore emprunter ce qui suit à l'un de mes écrits.

Condenser progressivement dans chacun des trois états *gazeux*, *liquide* et *solide*, par une grande vibration d'*aller* +, la Matière originelle initialement gazeuse ; constituer d'abord le régime de l'*Air*, ensuite celui des *Eaux*, enfin celui des *Terres* par la combinaison des deux premiers, c'est-à-dire former le noyau solide des Terres avec les premiers êtres issus dans l'Air et dans les Eaux ; dynamiser ces trois régimes dans les trois grands axes de l'Espace et dans les trois âges du Temps, par des radiations obscures et lumineuses qui alternent tour à tour, pour y faire naître dans chacun des trois grands règnes et sous les différents climats des espèces incessamment variées dont les caractères seront en rapport avec l'Age du Monde, son état de condensation et le sens de son orientation ; enfin parachever dans les siècles futurs les Créatures à demi ébauchées, c'est-à-dire perfectionner leurs organes mécaniques et développer l'acuité de leurs sens, en un mot les *Diviniser* afin qu'elles soient en état de tout voir, de tout sentir et de tout connaître quand viendra le jour heureux de la vibration de *retour* — qui sera aussi celui de leur union céleste avec la grande Ame du Monde ; voilà à grands traits, sous le nom de *Divinisme*, la Création et son but tels que je les comprends. L'homme actuel n'est pas l'homme accompli, l'*Homme-Dieu* de l'Avenir.

Quand le Monde sera redevenu gazeux, la Force et la Matière recommenceront ensemble un nouveau voyage sur une nouvelle route, car la Force et la Matière ne meurent point : elles sont éternelles, l'une par son mouvement constamment varié, l'autre par son poids qui ne varie pas. Le Soleil renaîtra donc avec tout son cortège d'Astres et de Planètes, de Créations et de Créatures de plus en plus parfaites qu'il emportera avec lui sur la route dorée des métaux les plus nobles qui doivent faire de cet Astre comme une grosse pépite d'or [1]. Sur laquelle de ces routes voyageons-nous et depuis combien de milliards de siècles ? Mystère impénétrable et sans intérêt pour moi qui vis avec la certitude de rentrer dans le concert éthéré pour y prendre une nouvelle part à la Symphonie de la Création.

La Création est une œuvre sans fin : elle est comme ce conte charmant de notre enfance de la chèvre qui broute le chou, du chien qui la mord, du bâton qui le bat, du feu qui le

---

[1]. — On sait, par l'analyse spectrale, que le Soleil est un Océan de métaux en fusion où l'on a signalé par ordre de densité toute la série métallique qui va de l'Hydrogène au cuivre, mais sans argent, ni or, comme si ces riches métaux n'y étaient pas encore nés.

brûle, de l'eau qui l'éteint, de l'âne qui la boit, et ainsi de suite sans qu'on en voie la fin parce qu'on peut intervertir l'ordre du récit sans qu'il se ressemble jamais.

§ II. — CONCLUSION.

Parvenu au terme de cette critique, il faut maintenant conclure.

J'ai voulu expliquer l'Unité et effacer le mauvais renom scientifique de la contradiction, en montrant que tout s'inverse et que le même système mécanique de génération, je dis de *conservation de l'Energie*, s'étend à tout ; je pense donc l'avoir réhabilitée.

J'ai aussi voulu démontrer que tous les corps de l'Univers réfléchissent sur nos organes et nos sens (chacun suivant leur type) les rayonnements célestes qui inspirent nos pensées et nos actes, tels ce fauteuil, ce crayon, ce papier ou ce livre dont les radiations (quel que soit leur qualificatif) nous invitent à nous asseoir, à dessiner ou à lire, si bien que nous ne sommes en définitive que les humbles marionnettes du Divin Magicien qui tient dans ses deux mains le fil de nos destinées.

L'Univers est un grand Organisme constitué par un double principe contradictoire de Force + et de Matière —, dont je fais résolument un *couple mâle* + et *femelle* —. Ces deux principes sont venus au monde l'un dans l'autre, chacun d'eux avec sa constitution et sa physionomie individuelles.

Envisagées collectivement dans leurs rapports mutuels, la Force est le Positif + et la Matière est le Négatif — ; étudiées individuellement, chacune d'elles est encore un couple positif + et négatif —, négatif — et positif +. Bref, elles sont une inversion l'une de l'autre.

La Matière a pour elle la passivité, la pondérabilité et l'invariabilité éternelle de son poids ; la Force a gardé pour elle l'activité, l'impondérabilité et la variabilité éternelle de son mouvement.

L'alternance est leur règle et l'inversion leur loi, chacune d'elles conservant son type originel et son caractère, qui sont comme *ses propres*, dans toutes les créations sans nombre de la Création.

Ce double principe mâle et femelle, qu'on peut considérer comme le *primum movens*, est la source *intarissable* de la vie puisqu'il est héréditaire. Il naît, vit, meurt et se renouvelle ; il est donc *éternel*.

On le retrouve en tout, dans les signes, dans les lignes, dans les chiffres, dans les figures, dans les mots, dans les rimes, dans les pensées, les sensations et les actes ; il est donc *universel*.

Tout est astre et rayonne lumineux et obscur, visible et invisible, du plus petit au plus grand ou bien inversement. Tout aspire, tout respire, et le mouvement des marées n'est, lui-même, que le rythme prolongé de la respiration Terrestre. Enfin l'homme, partie de ce grand Tout, l'homme n'en est qu'une minuscule et merveilleuse cellule, multiple elle-même de cellules plus petites et non moins merveilleuses accouplées en vue de création.

Source de la vie et base fondamentale de la Mécanique universelle, l'acte de création est donc le symbole le plus élevé de la pensée divine.

On peut symboliser les antinomies de plusieurs façons différentes à l'aide de figures dont je fais des cycles d'harmonie et que j'emprunte à l'« *Amour dans l'Univers* ». Elles démontrent que le langage universel est une synonymie couplée qui tourne dans le même cercle et s'écrit + et −, − et +, et que, selon l'expression de Pythagore : l' « *Univers est une danse éternelle semblablement rythmée* ».

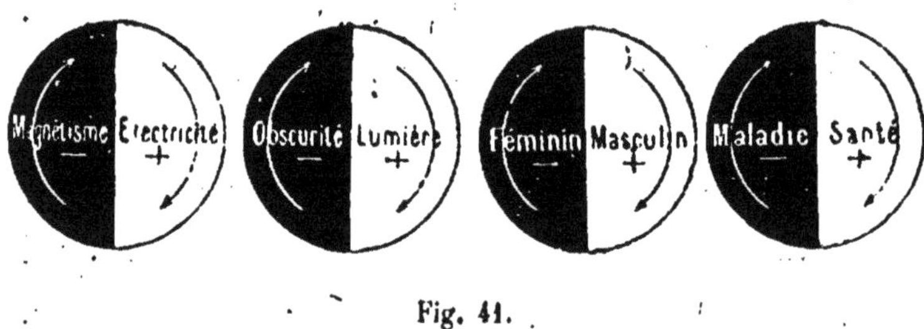

Fig. 41.

Cycle
électro-magné-
tique

Cycle optique

Cycle sexuel

Cycle
physiologique

Les cycles d'harmonie de la figure 41 font du couple une onde d'aller et de retour ↑↓ dans le sens vertical.

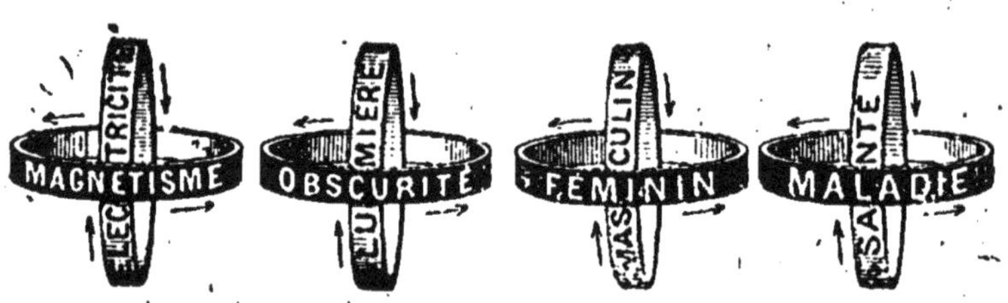

Fig. 42.

Cycle
électro-magné-
tique

Cycle optique

Cycle sexuel

Cycle
physiologique

Les cycles de la figure 42 font du couple une onde d'aller et de retour croisée dans le sens vertical ↑↓ et dans le sens horizontal ⇄.

Enfin, les cycles de la figure 43 représentent les mêmes couples associés en huit de chiffres.

Fig. 43.

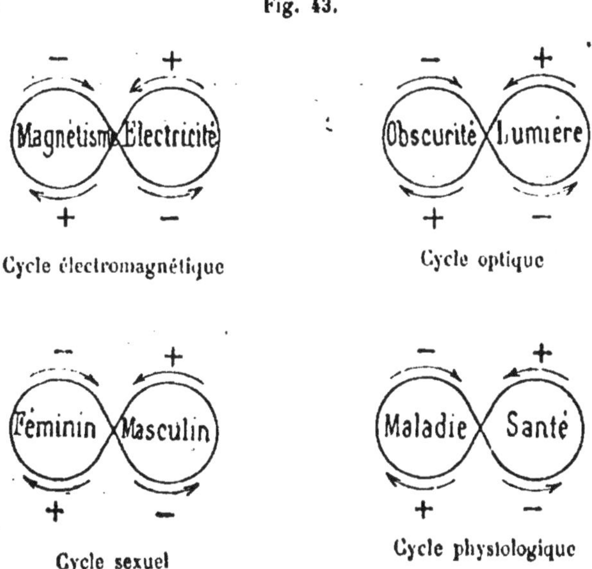

Je conclus donc en accusant la Science :

— D'avoir méconnu le principe de la Contradiction qui est celui de l'Unité ;

— De n'avoir pas vu que l'Univers est un couple mâle et femelle, dont l'union conjugale répand la vie éternelle avec une vitesse *actuelle* de 300,000 kilomètres par seconde, et que, seule, la *loi d'Amour* régit toute la Création ;

— De n'avoir pas su universaliser le principe fonctionnel de ce couple afin de l'appliquer à toutes les sciences pour n'en faire qu'*Une* qui eut été *passionnelle*, ainsi que le demandait je crois Toussenel ; science de rapports égaux qui, symbolisée par des signes et par des flèches, fût devenue pour tous, maîtres et disciples, un langage aussi simple que facile à expliquer et à comprendre.

NOTES ADDITIONNELLES

EXTRAITES DE L'AMOUR DANS L'UNIVERS
ET DU POSITIF ET DU NÉGATIF

NOTES ADDITIONNELLES

—

1º — « Une autre question se présente à
« l'esprit : Si le mouvement est double, peut-on
« séparer ce qui est double, en un mot peut-on
« couper le mouvement ?

« Poser la question, c'est la résoudre ; l'opé-
« ration porte en arithmétique le double nom
« de soustraction et de division. Nous pouvons
« couper le mouvement aussi facilement que
« nous partageons une pomme, car nous sépa-
« rons tous les jours l'hydrogène de l'oxygène,
« gaz qui personnifient le mouvement de cha-
« leur pendant leur combustion. La loi est pri-
« mordiale ; le mouvement, comme l'atome,
« est éternellement divisible.

« Que faut-il pour séparer le mouvement ? —
« Un couple, de même qu'il faut un grand et

«·un petit nombre pour opérer une soustraction,
« ou un dividende et un diviseur pour faire une
« division.

« Ainsi, posons la main + sur un marbre — et
« retirons la : voilà un mouvement en deux
« temps, l'un de la main au marbre ou temps
« positif + et l'autre de la main qui revient du
« marbre ou temps négatif —. Le marbre néga-
« tif s'approprie le premier temps puisqu'il
« prend de la chaleur + et la main positive s'en
« retourne avec le second temps puisqu'elle
« remporte du froid —.

« Si nous remplaçons le marbre par un élec-
« trophore (système diviseur et couplé formé
« d'un disque et d'un plateau qu'on frotte à
« droite et à gauche), nous aurons, en enlevant
« le disque, séparé le mouvement droit + du
« mouvement gauche —, ce qui revient à dire
« que nous aurons *coupé en deux* l'électricité.

» En physique, c'est séparer de force les deux
« fluides ; dans la vie conjugale, c'est perdre sa
« compagne ou son unité ; comment s'étonner
« après cela, quand on coupe une pomme, de
« voir *pleurer* ses deux moitiés ? »

(L'Amour dans l'Univers, page 106).

2⁰ — « Quand Davy verse de l'eau glacée sur
« un fil rougi par un courant, il oppose une
« résistance (l'eau) à une puissance (le feu) et il
« arrête ainsi la chaleur et la lumière qui s'in-
« versent dans le fil en augmentant la produc-
« tion électrique de toute la quantité d'énergie
« transformée. Le refroidissement du fil accroît
« sa résistance : la chaleur dilatait le métal, le
« froid le contracte en sens inverse et sa molé-
« cule vire de bord en même temps que l'énergie.
« Cette inversion permet seule d'expliquer l'élec-
« trolyse de l'eau par un fil de platine qu'on a
« chauffé à blanc et sur lequel on verse ensuite
« de l'eau. (*Expériences de sir Grove et de Sainte-*
« *Claire Deville*). »

(L'Amour dans l'Univers, page 58).

3⁰ — « Lorsque sir Tyndall veut bien nous
« apprendre qu'il suffit d'un contact de quelques
« secondes pour qu'un cylindre *froid* de cuivre,
« sur lequel on pose un second cylindre *tiède* en
« fer, transporte instantanément de la chaleur
« à la pile thermo-électrique, il m'est impossible
« de croire que le cuivre ait conduit de la cha-
« leur, car il n'y a que l'électricité qui voyage
« aussi vite : le caractère de la chaleur est de
« cheminer lentement, celui de l'électricité est

8*.

« de franchir instantanément des distances
« incalculables. Au reste, n'est-ce pas Becquerel
« qui nous enseigne que le plus faible écart de
« température entre deux métaux détermine
« aussitôt un courant électrique ? Or un cylin-
« dre froid de cuivre et un cylindre chaud de
« fer forment un couple thermo-électrique qui
« dégage de l'électricité tant que les tempéra-
« tures ne sont pas à l'unisson.

« Ces deux caractères différentiels suffisent
« à démontrer que l'électricité vibre en long et
« la chaleur en large. Ce sont deux manifes-
« tations d'orientation différente d'une même
« force.

« Ainsi un courant électrique ne donne lieu
« à aucun phénomène de chaleur lorsqu'il par-
« court un fil bon conducteur dans toute sa
« longueur, quelle qu'elle soit : *la vibration élec-*
« *trique est donc longitudinale* →.

« Au contraire, ce même courant électrique
« produit de la chaleur qui dilate le fil transver-
« salement au point de le fondre, si ce fil est
« mauvais conducteur : *la vibration calorifique*
« *est donc transversale* ↑↓ *puisqu'elle coupe le fil.*

« On doit considérer comme un principe
« absolu que *toute vibration longitudinale s'in-*
« *verse en largeur aussitôt qu'on l'arrête, de même*

« *que toute vibration transversale arrêtée s'inverse*
« *en longueur.*

« En sorte que la célèbre expérience de
« Rumford sur la transmission de la chaleur
« dans le vide apparaît ici comme une trans-
« mission d'électricité et non pas de chaleur !
« Citons encore l'expérience.

« Lorsqu'on plonge dans de l'eau chaude un
« ballon de verre, que l'on a purgé d'air et
« auquel est soudé un thermomètre à mercure,
« on voit le thermomètre accuser *instantané-*
« *ment* une élévation de température. On dit
« alors que *la chaleur a traversé le vide.*

« Pourquoi faut-il encore que vos leçons
« m'obligent à le nier ? Non, non, mille fois non,
« ce n'est pas de la chaleur qui vient de traver-
« ser, c'est de l'électricité, car on lit dans tous
« vos ouvrages que le verre est *opaque* pour la
« chaleur obscure, qui est celle de l'eau chaude,
« et vous montrez chaque jour à tous vos éco-
« liers qu'on fait de l'électricité en frottant
« (échauffant) du verre avec un chiffon de laine
« ou avec la main qui sont aussi de la chaleur
« obscure. N'est-ce pas là, de vos propres mains,
« *déboulonner* académiquement la colonne ? Le
« verre, mauvais conducteur de chaleur obscure,
« a rayonné de l'électricité, et le mercure, mau-

« vais conducteur d'électricité, a rayonné (régé-
« néré) de la chaleur obscure. N'est-t-il pas vrai
« que la chaleur spécifique 0.033 du mercure
« place ce métal à côté du bismuth dont la cha-
« leur spécifique est 0.030? N'est-il pas encore
« reconnu que, de tous les métaux, le mercure
« et le bismuth sont les plus mauvais conduc-
« teurs de l'électricité ?

« En résumé, toutes ces expériences de
« Davy, Tyndall, Becquerel et Rumford, sont
« des *inversions dynamiques.* »

    (*L'Amour dans l'Univers*, pages 62 et suivantes).

4° — « Toutes nos maladies et guérisons sont
« dues à des renversements de courants qui
« changent en reflux léthifère ce qui était flux
« vital et en flux vital ce qui était reflux léthi-
« fère ; toute l'action cataleptique des médica-
« ments se dépense à ouvrir et à fermer des
« portes. C'est une nécessité que les noyaux
« sanguins tournent en sens contraire quand le
« courant s'inverse : si les globules de sang cou-
« lent en longitude ↑ , les globules de pus cou-
« lent en latitude → car le sang travaille à rester
« dans le corps et le pus au contraire à sortir
« au dehors. Tel un fleuve éclusé, qui roule ses
« eaux en longitude jusqu'au sas de l'écluse

« mais en latitude quand l'écluse le barre ; la
« poussée arrêtée se fait en sens contraire et
« l'eau tend à déborder ou à crever les digues.

« Un doigt sain, qu'on étrangle avec une
« corde se gonfle, se gangrène
« et crève enfin microbien, à
« l'instar du cours d'eau qui
« se grossit, déborde ou fait
« rompre sa digue (fig. 44 et
« 45).

« De même que l'écluse, la
« corde est une force négative
« — et la cellule organique,
« enfermée dans le doigt, se
« révolte microbienne pour
« faire rompre la peau.

« Qu'on desserre la corde
« assez à temps et les phéno-
« mènes s'inverseront aussi-
« tôt ! la circulation sanguine
« reprendra son cours natu-
« rel et tout rentrera dans
« l'ordre »

(*L'Amour dans l'Univers*, page 135).

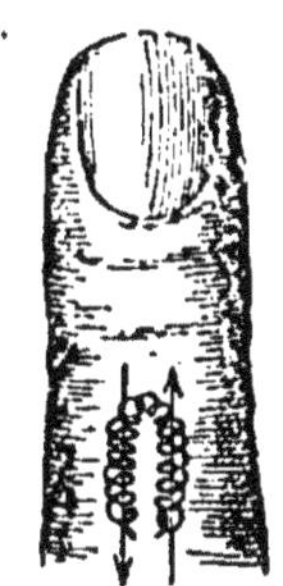

Fig. 44. — Circulation sanguine longitudinale d'un doigt libre et sain +.

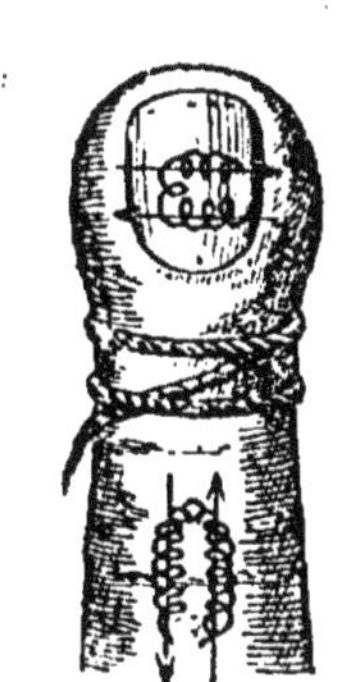

Fig. 45. — Circulation sanguine latitudinale d'un doigt étranglé, malade et qui va crever —.

5° — « Qu'on suive des yeux ce javelot + à
« l'adresse d'un guerrier — en faction dans ce

« chemin de ronde : il le manque et n'atteint
« que la meurtrière, mais déjà ses éclats gisent
« au pied de la muraille impassible. Dira-t-on
« que c'est elle qui l'a brisé ? — Erreur ; c'est la
« force vive + transmise à ce javelot qui vient
« de se retourner contre lui, *dans le sens trans-*
« *versal*, pour tuer ce présomptueux chargé de
« plus de force qu'il n'en pouvait porter.

« Ici, c'est une perdrix qui fuit un chasseur,
« aveuglée par la peur —, et qui va se fendre la
« tête contre un fil télégraphique. Accusera-t-on
« ce fil de *perdricide ?* — Calomnieuse accusa-
« tion ! C'est la force de la pauvrette qui s'est
« retournée transversalement en elle et contre
« elle parce qu'elle venait de l'arrêter.

« Là, c'est un coursier, lancé à fond de train,
« qui se rompt les vaisseaux, en se retournant
« court devant un précipice. Il tourne contre
« lui-même toute la force acquise et l'extinction
« — est en rapport avec la combustion +.

« En analysant ce phénomème, vous trouverez
« que la respiration, accélérée par la vitesse de
« l'animal, a versé dans son économie des tor-
« rents de force vitale, et que cette énergie,
« dirigée d'abord en avant mais brusquement
« inversée par l'écart de l'animal à la vue du
« précipice, devient ainsi transversale, négative

« et mortelle. En effet, subitement inversé de
« son cours, le flux sanguin se rue de travers
« et rompt les vaisseaux. Ainsi d'un torrent im-
« pétueux qui culbute et brise tout, à gauche et
« à droite, en présence d'un barrage accidentel.
« Le mal est en raison de la force acquise. »

(L'Amour dans l'Univers, page 159).

6° — « Quand je réfléchis que le tissu de
« notre cœur, organe central de la circulation,
« est constitué par des fibres musculaires et
« nerveuses *enroulées sur elles-mêmes* en forme
« de tourbillons croisés en huit de chiffres, *à la*
« *manière de véritables bobines,* qui ont pour mis-
« sion de mettre le sang en mouvement et d'en
« régler la marche dans les vaisseaux, c'est-à-
« dire de *le dynamiser,* je ne peux me défendre
« de considérer le cœur, avec ses deux sacs de
« sang artériel et veineux, comme une pile à
« liquides différentiés, composée de deux élé-
« ments couplés en contradiction et séparés par
« une cloison plus ou moins endosmotique au
« travers de laquelle se font les échanges des
« courants électro-magnétiques vitaux ; et je
« ne cesse de me dire ensuite que ces courants
« vitaux multiplient leur intensité à chaque
« parcours des bobines fibro-cardiaques qui sont

« de véritables multiplicateurs de forces et de
« sensations *à courants alternatifs*.

« Déjà constitués pendant la vie utérine de
« l'être et chargés à sa naissance, par le jeu des
« poumons, du dynamisme de l'air, seul agent
« vivifiant, les deux fleuves artériel et veineux
« sont des liquides différents aussi bien par leur
« constitution physique et leur composition
« chimique que par leurs propriétés dynami-
« ques. Que leurs relations s'établissent par
« mélange intime ou par simple contact, peu
« importe ; de leurs combinaisons dynamogé-
« niques incessamment variées naissent tous les
« éléments constitutifs de notre organisme à
« ses différents âges.

« Ce n'est pas tout : je répète ici pour le
« cerveau ce que je viens d'écrire pour le cœur.
« En effet le cerveau est une unité encéphalique
« de deux hémisphères antagonistes couplés en
« communauté de fonction et reliés par des
« bobines fibro-cérébrales aussi croisées en huit
« de chiffres, et je pense que c'est vraisemblable-
« ment au nombre de tours de leurs spires qu'il
« faut attribuer le plus ou moins d'intelligence
« des sujets.

« Qu'importe donc que les courants ou mou-
« vements dynamiques se nomment psychiques,

« cardiaques, atmosphériques ou bien marins ;
« la loi de circulation est la même en tout et
« partout. Il faut bien le reconnaître, de même
« que la Terre et le Soleil, *l'homme est une*
« *machine électro-magnétique à courants alterna-*
« *tifs* dont les manifestations radiatrices sont
« simplement de modes et de noms différents,
« suivant la structure et l'état moléculaire du
« mécanisme anatomique, suivant aussi le sens
« du courant dynamique ».

(Mécanisme et Dynamisme cardiaques).

7° — « Par une simple inversion de sa marche
« en 12 heures, du lever au coucher du Soleil, la
« Terre reçoit encore de
« cet astre des radiations
« électriques et lumineu-
« ses + lorsqu'il est au
« zénith, c'est-à-dire dans
« la verticale ↓ , et des
« radiations magnétiques
« et obscures — quand il
« est à l'horizon, c'est-à-dire dans l'horizon-
« tale →, ce qui démontre que l'électricité est
« une force verticale et le magnétisme une force
« horizontale (fig. 8).

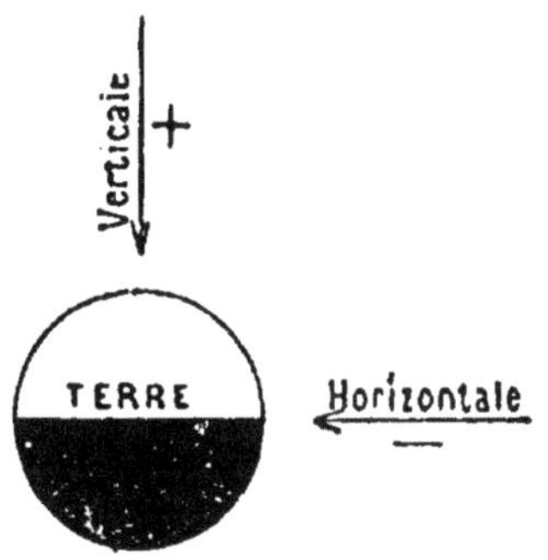

Fig. 8.

« Aucun doute d'ailleurs : avec leur maxi-

« mum électrique de 11 heures à midi, et leur
« maximum magnétique de 5
« heures à 6 heures du soir,
« les tables météorologiques
« en font foi.

« Quel est donc celui qui
« a dit de la femme qu'elle
« était une *horizontale* ? A-t-il
« bien compris toute la portée
« de son allusion ? A-t-il donc
« aussi entendu que le mascu-
« lin était une *verticale* ?

« Des figures abdominales
« vont répondre ; elles repré-
« sentent un corps de femme
« au moment de la conception
« (fig. 9), et le même corps
« pendant la grossesse (fig. 10).
« Des flèches indiquent l'orien-
« tation dynamique.

« Enfin une dernière figure
« avec inversion de la flèche
« en bas représente la mise
« au monde ou la troisième
« phase de l'acte de création (fig. 11).

« Trois états, trois termes, trois flèches con-
« traires ! Que faut-il de plus pour démontrer

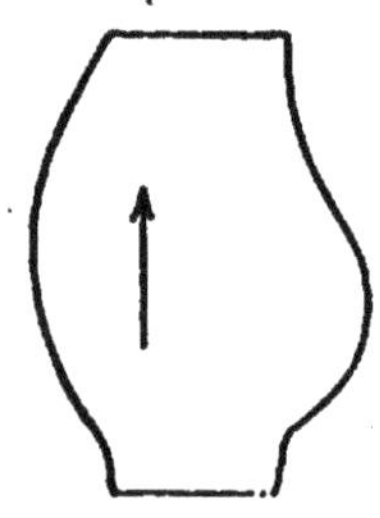

Fig. 9. — 1er état dy-
namique ou de fécon-
dation. Une flèche
verticale + ou lo.-
gitudinale représente
la première phase de
l'acte de création ou
le travail fait par le
masculin +.

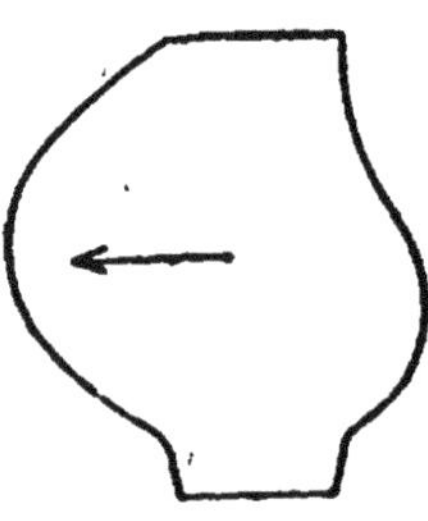

Fig. 10. — 2e état dy-
namique ou de ges-
tation. Une flèche ho-
rizontale — ou trans-
versale représente la
deuxième phase de
l'acte de création ou
le travail fait par le
féminin —.

« l'unité, dualité, trinité de l'acte de création ?

« Qu'on ne vienne plus dire comme les An-
« ciens que la femme des-
« cend de l'homme, ni com-
« me les Modernes qu'elle
« est un homme atrophié !
« La dualité des sexes est
« une unité couplée à la ma-
« nière des deux moitiés

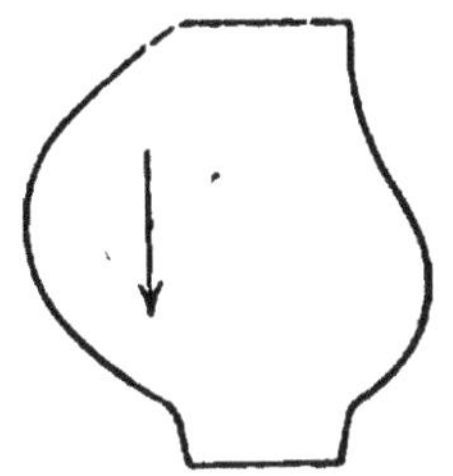

Fig. 11. — 3e état dyna-
mique ou de parturition.

« d'un cercle et il n'y a pas
« plus de raisons pour faire descendre la femme
« de l'homme ou celui-ci de la femme qu'il n'y
« en aurait à commencer le cercle à gauche
« plutôt qu'à droite. Quant à son mécanisme
« sexuel qu'on dit dégénéré, c'est une mer-
« veille de perfection et comme une royale
« demeure construite pour loger un seigneur.

« Qu'on ne parle pas davantage d'infériorité
« pour l'une et de supériorité pour l'autre ! Les
« deux moitiés d'un cercle sont
« antagonistes mais équivalen-
« tes et complémentaires l'une
« de l'autre, ainsi que le sont
« les deux branches mâle et
« femelle d'un forceps ; si elles

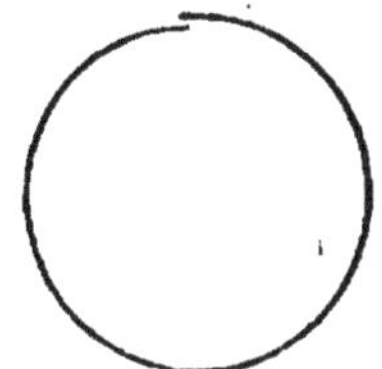

Fig. 12.

« n'avaient pas la même valeur, le cercle ne
« pourrait pas se fermer, ni la création s'ac-
« complir (fig. 12).

« Qu'on n'invoque plus enfin les lois de la
« sélection ni les phénomènes de la nutrition
« pour expliquer l'alternance et la différence
« des sexes ! La sélection et la nutrition n'ont
« rien à voir dans la natalité du genre.

» Le déterminisme des sexes est un antago-
« nisme primordial : c'est une inversion dyna-
« mique qui fait la polarité sexuelle et qui donne
« à chaque sexe sa structure, sa fonction, son
« visage, son teint, son ornementation, sa voix,
« son caractère et ses facultés typiques, en un
« mot tous ces traits *primaires* qui différencient
« le mâle de la femelle au physique et au moral.
« Le féminin — est un masculin + inversé ou le
« masculin + un féminin — inversé.

« Quelle erreur que la tienne, ô foule, si tu
« crois que la femme aime et hait à la manière
« de l'homme ? Et que tu n'as guère, ô homme,
« analysé ni ta compagne, ni toi ! La Force vous
« influence à l'envers l'un de l'autre parce qu'elle
« vous a fait au rebours l'un de l'autre : anato-
« miquement, l'appareil matricial avec ses dé-
« pendances est une inversion du système viril
« avec ses annexes. Apprends donc que la vis
« et le tire-bouchon s'impressionnent autrement
« que l'écrou et le bouchon, quand l'un s'intro-
« dans l'autre, car l'un regarde modestement
« en bas ce que l'autre vise fièrement en haut.

« Il ont tous les deux leur amour montant et
« leur amour descendant ; mais l'un a l'amour
« féminin — et l'autre a l'amour masculin +. La
« femme a l'amour froid — et l'homme a l'amour
« chaud +, c'est un fait médical ; or, c'est un
« fait physique qu'un courant d'air froid allume
« très fort un incendie.

« Le masculin est électrique et fulgurateur,
« le féminin est magnétique et fascinateur ; il
« est une batterie d'électricité et elle est un
« aimant ; il décharge et elle attire ; il a la fonc-
« tion d'aller et elle celle du retour ; il est un
« positif et elle un négatif ; il est une verticale
« et elle une horizontale.

« Négative ! Horizontale ! Ah ! ne t'en offense
« pas, ô noble créature, car, s'il a fait du Posi-
« tif + l'éblouissant Phœbus, le Seigneur a
« réservé pour toi sa plus belle part en te don-
« nant la blancheur virginale de Phœbé que le
« poëte aime à contempler et dont la mysté-
« rieuse influence l'invite à t'adorer.

« Qu'il vienne ce Parnassien qui saura chanter
« comme il convient ce second temps du mou-
« vement créateur de la femme, de l'être délicat
« dont la pudeur et les joies maternelles sont
« inconnues au masculin parce que son âme a
« des sensations et son corps des fonctions qui
« sont tout à l'opposé de celles de l'autre sexe !

« A toi, dira-t-il à sa compagne, en partageant
« le Monde, à toi les flammes froides avec les
« rayons blancs et à moi les flammes chaudes
« avec les rayons noirs ; à toi le regard magné-
« tique et fascinateur, à moi le regard électrique
« et fulgurateur ; à toi les pressentiments infail-
« libles et les tendres alarmes, les séductions de
« l'esprit et toutes les grâces du corps, à moi
« l'insouciance des futuritions et les nobles au-
« daces, les libertés du langage et l'aisance des
« manières ; prends pour toi les soins de l'édu-
« cation et les ouvrages paisibles, je garde pour
« moi le fier devoir d'instruire et les travaux
« bruyants.

« Puis ils diront ensemble la double prière de
« Renan :

<table>
<tr><td>CHŒUR DES FEMMES</td><td>CHŒUR DES HOMMES</td></tr>
<tr><td>—</td><td>+</td></tr>
<tr><td>« Mon Dieu, je crois fer-
« mement à ta bonté qui
« fait battre notre cœur,
« déborde en notre lait,
« remplit nos mamelles,
« nourrit nos petits, cause
« la langueur tranquille de
« nos yeux, alimente notre
« tendresse, soutient notre
« piété. Nous sommes
« sûres que ton esprit est
« en nous, quand nos seins
« se soulèvent ; le palpite-
« ment de nos seins, c'est
« ta voix. »</td><td>« Mon Dieu, je crois fer-
« mement en ta puissance
« qui emplit le monde, tire
« la vie de masses inertes,
« la force de tissus fragiles,
« le génie d'un cerveau qui
« sera poudre demain.
« Nous t'adorons surtout
« dans notre poitrine. Ja-
« mais nous ne défaillons,
« et, quand notre souffle
« commence à faiblir, nous
« sentons ta présense par
« le puissant retour de for-
« ce qui nous monte au
« cœur. »</td></tr>
</table>

(L'Amour dans l'Univers, pages 31 et su   s).*
(Le Positif et le Négatif.)

TABLE DES MATIÈRES

DEUXIÈME PARTIE

TROISIÈME PARTIE

LILLE. — IMPRIMERIE LE BIGOT FRÈRES.